服装设计基础：
点线面与形式语言

陈静◎编著

FUZHUANG SHEJI JICHU：
DIAN XIAN MIAN YU XINGSHI YUYAN

U0216836

 中国纺织出版社

图书在版编目（CIP）数据

服装设计基础：点线面与形式语言 / 陈静编著 . –– 北京：中国纺织出版社，2019.1（2023.3 重印）

ISBN 978-7-5180-4933-2

Ⅰ. ①服… Ⅱ. ①陈… Ⅲ. ①服装设计 Ⅳ. ①TS941.2

中国版本图书馆 CIP 数据核字（2018）第 078562 号

策划编辑：魏 萌 责任编辑：杨 勇 责任校对：楼旭红
责任印制：王艳丽

中国纺织出版社出版发行
地址：北京市朝阳区百子湾东里 A407 号楼 邮政编码：100124
销售电话：010 – 67004422 传真：010 – 87155801
http://www.c-textilep.com
E-mail: faxing@c-textilep.com
中国纺织出版社天猫旗舰店
官方微博 http://weibo.com/2119887771
北京通天印刷有限责任公司印刷 各地新华书店经销
2019 年 1 月第 1 版 2023 年 3 月第 2 次印刷
开本：787×1092 1/16 印张：10.5
字数：150 千字 定价：58.00 元

凡购本书，如有缺页、倒页、脱页，由本社图书营销中心调换

导言

服装构成是指对服装的诸要素，如形状、大小、质感、色彩等在二维空间中的组织和研究。服装的造型是三维的状态，但是我们最初的构思都会以二维的方式来呈现。

一个设计良好的造型，不仅在构成原理的应用上具有创造性，而且理念表达清晰。对于一个服装初学者来说，构成原理的应用往往难以辨认，因为服装是一个集历史、文化、功能、技术为一体的复杂综合体。

正是基于以上的两点，本书围绕形式元素及其服装设计实践组织教学内容，其目的未必落脚于解决实际的设计问题，而是鼓励学生将注意力集中在视觉形式的特定方面，找出隐藏在服装设计背后的支配性力量及其普遍性意义。

与此同时，通过一系列练习来开发和提高学生的感知力，鼓励学生观察造型元素和结构，关注尺度和比例。鼓励用接触和感觉来理解构成元素及其构成原理。

因此，本书有以下特征：

（1）概念性知识的阐述：本书避免为学生准备一套固定现成的视觉公式和形式表达的方法，它将通过对一系列作品的构成技巧分析，达到对形式语言规则的理解。

（2）理论与案例结合：书中配有大量的图片，以图示和文字相结合的方式进行解读。这一方面避免了单调说教式表述；另一方面，这种方式也符合视觉思维的需要，有利于培养学生运用视觉思维展开分析的习惯。也正是基于这一原因，图示与文字的范围不仅包括对设计结果的评述，也涉及思维过程的解释。

（3）课题训练的设定：本书的课题训练是根据服装专业的特点而设计，学生在现阶段的练习结果和创意，能够在将来的服装设计课程中得到进一步发展和完善，以实现学习的连贯性和持续性。

本书架构

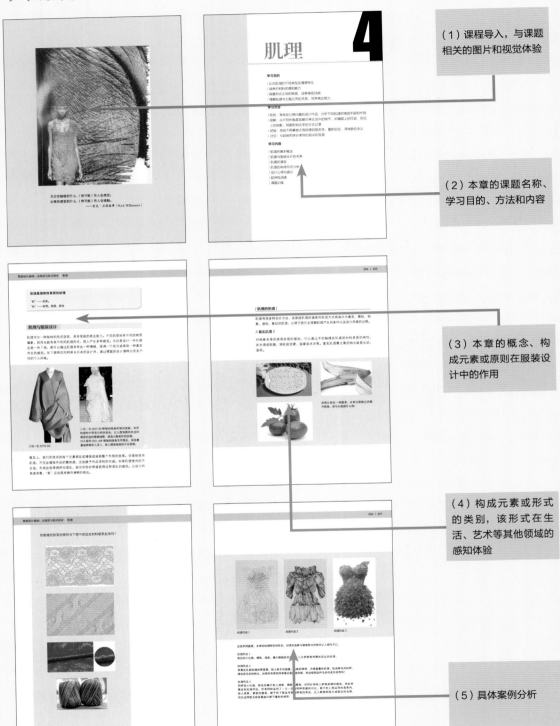

（1）课程导入，与课题相关的图片和视觉体验

（2）本章的课题名称、学习目的、方法和内容

（3）本章的概念、构成元素或原则在服装设计中的作用

（4）构成元素或形式的类别，该形式在生活、艺术等其他领域的感知体验

（5）具体案例分析

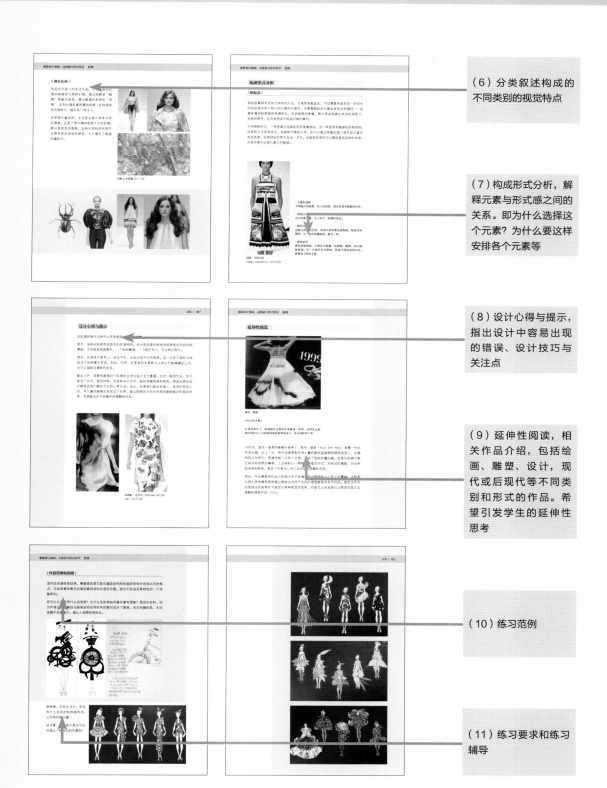

（6）分类叙述构成的不同类别的视觉特点

（7）构成形式分析，解释元素与形式感之间的关系。即为什么选择这个元素？为什么要这样安排各个元素等

（8）设计心得与提示，指出设计中容易出现的错误、设计技巧与关注点

（9）延伸性阅读，相关作品介绍，包括绘画、雕塑、设计，现代或后现代等不同类别和形式的作品。希望引发学生的延伸性思考

（10）练习范例

（11）练习要求和练习辅导

理解设计的含义就是理解元素的造型与内容的传达，并且认识到设计也是注解，是主张，是观点和社会责任感。设计不仅仅意味着组合、排列和编辑：它是要提升价值和含义，要阐明，要简化，要澄清，要修改，要突出，要改编，要说服，甚至可能要愉悦。

设计既是一个动词，也是一个名词，是开始，也是结束。是想象的过程，也是想象的产物。

保罗·兰德（Paul Rand）

原文来自《设计，造型和混乱》

目录

玛丽马克（Marimekko）2011

点类似音乐上一声短促的鼓点或三角铁声。或者说，类似自然中啄木鸟断断续续的啄木声。

——康定斯基

点

1

学习目的

/ 认识点的不同类型及情感特征
/ 探索点的不同构成形式，培养表现技能
/ 理解点与服装主题的关系，培养表达能力

学习方法

/ 研究：搜集自己感兴趣的服装设计作品，分析其构成形式
/ 练习：内部形态与外部形态练习
/ 讨论：与其他同学分享制作过程和结果

学习内容

/ 点的基本概念
/ 点与服装设计的关系
/ 点的类别与属性
/ 点的构成形式分析
/ 设计心得与提示
/ 延伸性阅读
/ 课题训练

本章研究的点不仅仅是指某个具体的图形，还包括不同形状的点及其
构成形式所带给人的不同视觉体验和原因。

点是最小的构成元素

点的视觉特征是细小。因此，人们通常会忽视点的轮廓造型，认为点就是圆的。其实在日常生活中，各种各样的点的形态随处可见，如星星、沙粒、漫天的雪花和水珠等。

1.1 点与服装设计

点虽然是最小的视觉元素，但也不可忽视。它可以成为画龙点睛之笔，也可以导致设计的失败。这一切取决于点的位置、数量、大小、形状以及排列方式。即使是相同的主题，也会因为造型上的微妙差异而产生截然不同的视觉效果。例如，迪奥的豹纹充满野性和戏剧化，华伦天奴的豹纹则优雅而高贵。

克里斯汀·迪奥（Christian Dior）

华伦天奴（Valentino）2014 春夏高级定制

1.1.1 点的位置

当一个点进入一个空间，这个点即与这个空间建立了关系，点与周围空间的比例是设计应该考虑的最重要的部分，然后是它与空间边缘的位置关系。

一个点从中心位置打破空间，会表现的无足轻重且让人产生一种内部的平衡感，但如果被放置于偏离中心的位置，将会在空间中产生引人注目的效果。点放置于中心的位置，是安定的、舒适的、静态的，但它支配了它周围的空间，随着这个点偏离中心移动，支配关系发生了转变——点所在的背景空间突显了出来，并产生了张力（见下图）。

德赖斯·范诺顿
（Dries van Noten）2013 秋冬

雨果·波士
（Hugo Boss）2014

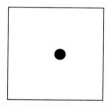

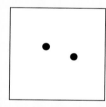
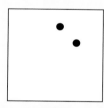

平衡、单调　　由于失衡更有动感　　对称　　平衡　　动感

乔治·阿玛尼
（Giogio Armani）

在一个空间中引入两个点，将会把观众原先对空间关系的注意力转移到对这两个点的相互作用上。当两个点彼此靠近，它们之间的张力随之增加。当这个空间为零的时候，空间的存在将比点本身更为重要，甚至比任何其他的空间间隔都更为重要。当这两个点重叠，尤其是当它们大小不同的时候，它们之间因距离接近而产生的张力将得到一定程度的释放。然而，随即也产生了新的张力——因为其中一个点看起来位于前景的位置，而另一个点看起来则是位于背景的位置，导致了平面被分为两个格局的情况，平面图形以及三维深度的出现。

点与点之间的距离越近，对其独有的特征感就越强烈；点与点之间的距离越远，点与点之间产生的结构感就越突出。

1.1.2 点的数量

然而在两个点的空间中，加入其他的点，将会削弱眼睛对点的特征的注意，而增强了对点之间相互关系的关注，因而使人产生对结构或含义的思考。**这些点距离有多远？每个点与其他点等距吗？它们是什么结构，这个结构形成了什么样的外部形状？这个形状表示什么意思？**

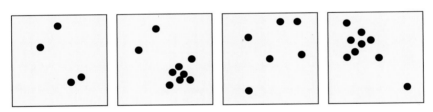

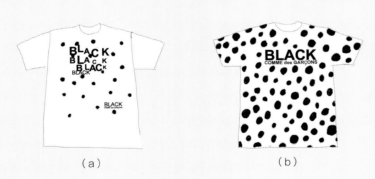

（a）　　　　　　　　　　　（b）

川久保玲

不同的点分布及大小产生不同的视觉效果，（a）点的大小较为平均，给人感觉松散，细小。（b）点的大小对比强烈，会引导人的视线从大到小的来回运动，从而给人感觉更有活力，更富有动感

1.2 构成形式分析

通过不同的质地、比例、位置、数量及与周围环境的变化，点表现出不同的形态，可以赋予服装各种不同的性格特征。

玛丽马克 2014 春夏

* 元素选择
三个口袋形成三个不规则图形。

* 排列方式
点的数量虽然不多，但是因为别致的位置设计和色彩的应用，有效地激活了整个沉闷的黑色空间，成为视觉的焦点。

玛丽马克 2013 秋冬

* 元素选择
简化的水滴形，具有童趣。

* 排列方式
重叠和局部留白的排列方式，使平面的图形看起来很有空间感。

* 比例变化
图形比真实的水滴要大得多。这个尺度使人们能清楚地看到图形轮廓，并形成一定的视觉张力。

* 色彩层次
色彩的变化增加了视觉上的层次感。虽然图形很简单，但是色彩和排列的处理方式，让人们在视觉上仍然觉得很丰富。

左上图：

* 元素选择
狼牙状，大小不同的铆钉，与面料
上的暗纹相互呼应。

* 排列方式
按一定的规律，大小错落的排列，
适当的间距，视线的方向在直与斜
之间游离不定。

* 形式语言
小巧光洁的铆钉与白色暗纹布，既
相互对比又相互衬托，改变了朋克
元素的造型风格。

右上图的服装是较为典型的朋克风
格，其主要特点是在衣服上打方钉
或锥形钉。金属感很强的服饰搭配
和重金属摇滚"快、猛"的音乐风
格"不谋而合"。这也是 20 世纪 70
年代早期摇滚乐队服饰的风格。

周翔宇 2014 秋冬

左下图：

* 元素选择
本色与深色的小绒球。

* 排列方式
井然有序的规则排列。

* 形式语言
柔软可爱的小绒球原
本是较为女性化的装
饰手段，但是重复排列
所具有的力量感和斜
线的速度感，弱化了这
种材料的女性化特征。

玛丽马克

伊夫 · 圣 · 洛朗（Yves Saint Laurent）
1992 秋冬

玛百莉（Mulberry）2014

想一想：

——在以下的波点设计中，设计师是如何确定点的大小、位置和排列
　　方式？有什么样的表现效果？

——如果改变点的大小、位置或排列方式，整个设计会有什么变化？

1.3 设计心得与提示

点可以成为设计的要点，也可以成为主体的陪衬。这取决于整体的需要，有的款式需要安静含蓄的点，有的款式则需要张扬夺目的点，设计的时候一定要从服装的整体来考虑点的大小、数量与位置。

1.3.1 作为视觉中心的焦点

可以形成明确的层次关系，在设计时要注意点的数量、位置，它与背景及其他元素之间的对比与协调。如果处理不当，会给人突兀或主体不够突出的感受（见下图）。

大卫·科马（David koma）2013 春夏

通过不同图形的叠加而形成的点，使原来的负空间成为了视觉的焦点。

1.3.2 作为整体的散点

这些小的装饰物虽然不是圆形，但是，出于构成的需要，在判断大体变化、靠近程度、张力和图形间的负空间方面，它们仍然被当作点来对待，就像是平面的、抽象的黑色的点一样（见下图）。

斯特拉·麦卡特尼
（Stella McCartney）2014 早春

散点排列的密集程度和点的大小都取决于设计师希望单个形态的突出程度。

1.4 延伸性阅读

1.4.1 草间弥生与波点

现年 82 岁的草间弥生是著名的当代前卫艺术家，高色彩对比度的波点图案是她的标志，这一切都源自于她儿时罹患的神经性视听障碍，她眼中的世界隔着一层斑点状的网，这成为她艺术作品的直接来源。她将鲜艳的波点图案覆盖在一切物品上，无穷无尽的圆点，混淆了真实与虚幻的空间，给人以晕眩和迷幻的错觉。在她看来，"地球也不过只是百万个圆点中的一个。"她用它们来改变固有的形式感，在事物之间刻意地制造连续性，来营造一种无限延伸的空间，置身其中的观众无法确定真实世界与幻境之间的边界。

草间弥生

《波点幻想——新世纪》2002 悉尼

《波动幻想——无穷的镜像房间》2001 法国

《生活的足迹》2012 东京（1）

《生活的足迹》2012 东京（2）

浪凡（Lanvin）2014 早秋

线是点的移动形成的轨迹……
运动产生的线
——确切地讲，是对紧张、自足的点的静止的破坏。

——康定斯基

线

2

学习目的

/ 认识线的不同类型及情感特征
/ 探索线的不同构成形式，培养表现技能
/ 理解线与服装主题的关系，培养表达能力

学习方法

/ 研究：搜集自己感兴趣的服装设计作品，分析其构成形式
/ 练习：内部形态与外部形态练习
/ 讨论：与其他同学分享制作过程和结果

学习内容

/ 线的基本概念
/ 线与服装设计的关系
/ 线的类别与属性
/ 线的构成形式分析
/ 设计心得与提示
/ 延伸性阅读
/ 课题训练

本章研究的线不仅仅是指某个具体的图形，还包括不同形状的线及其构成形式所带给人的不同视觉体验和原因。

线的基本视觉特征是长

线与点不一样，线的性质是运动和方向，线的内在动态特征远胜于静态特征。

线看起来总是开始于某个地方，并且可以无限地延伸出去，或者是运动于一定的距离之内。

2.1 线与服装设计

服装设计中的线条如同绘画一般，是设计师或艺术家审美趣味的集中体现。它体现在服装设计上有两种形式：一种是实体的线，也就是真实存在的线，如分割线、褶皱、图案或者缝线形成的线迹等；另一种是感觉中存在的线，即在面与面的交界或转折处形成的轮廓线。不同形式的线的构成，表现出不同的视觉效果。

随着人体运动而变化的线条，如轮廓线和细长的折线，感觉都非常生动而自然。

三宅一生（Issey Miyake）2014 春夏　　吕梦茜　　　　浪凡（Lanvin）2014 早秋

2.1.1 线的类别

尽管线的形态、状态、宽窄和规则性等多有不同，表现形式也千变万化，但基本分为直线型和曲线型两种类型：

直线型——平行线、折线、交叉线、发射线、斜线等。

曲线型——弧线、曲线、抛物线、波浪线、自由曲线等。

（1）直线

——明快、简洁、力量、通畅，有速度感和紧张感，有男性化倾向。

水平线——平静、安定、广阔，有左右方向的运动感。

水平线：使人联想到无限扩展的地平线及大地给予的安定且稳妥感，表现出安定、稳重、平静、永恒的性格。另一方面，过于安稳地夹带着保守因素，容易产生寂寞、无生气的感觉。

塔达希（Tadashi Shoji）2012 婚纱

垂直线——庄重、严肃、肃立，有上下方向的运动感。

垂直线：使人联想起庄重、严肃的场面，让人肃然起敬，因而具有坚挺、强直的性格特征；上下走向使垂直线有下落、上升的趋势，并有较强的紧张感。因此，在运动服（如阿迪达斯）或运动风格服装［如下图的三宅一生、"无界"、亚当·利普斯（Adam Lippes）］中均有出现。

阿迪达斯

三宅一生 2013 春夏

无界（Boundless）2014

亚当·利普斯 2014 早秋

通过粗细的变化，制造出轻快活泼的垂直线。

斜线——倾斜、不安定，有前冲或下落的动感。

斜线：从平衡的角度来看，斜线首先给人以失衡产生的不安定感，而且具有很强的势能。因此，有着强烈的向上或冲刺前进的运动感，同时也体现青春与活力。

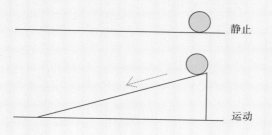

康定斯基认为，水平线表现无限、冰冷的运动性；垂直线表现温暖的运动性；斜线则是两者的性质兼而有之。

运用直线的等距排列、渐变排列、交叉组合、发射组合等构成形式，最容易表现直线的节奏、秩序、韵律等美感。

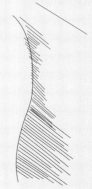

条纹的斜度与廓型之间，通过不同的方式保持协调一致，简洁干脆。

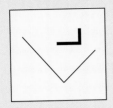  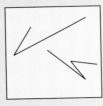

两条线相交就产生了角。而交点成为两个方向运动的出发点，多条线相交让人产生线条往不同的方向运动的感觉。一个很尖的角也让人感到从一个方向到另一个方向推行的快速运动。

大卫·科马 2013 春夏

（2）曲线

——丰满、轻快、优雅、流动、柔和、节奏感强，有女性化倾向。

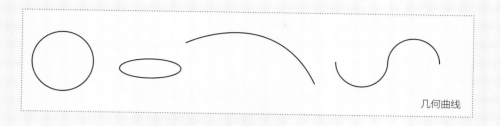

几何曲线

几何曲线是规矩绘制的曲线，与直线相比显得较温和、柔软，含有女性特征，具有优雅、秩序的性格，并具有较强的柔韧性和速度感。

几何曲线的典型表现是圆周，它有对称与秩序的美，极富现代性，因而，它表现的是一种理性的节奏。

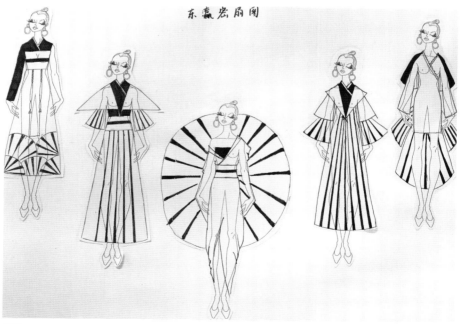

胡炜

自由曲线

自由曲线是不借助任何工具，随意徒手而成的曲线，自由曲线与几何曲线相比，更显圆润，富有弹性。自由曲线的轻松自如充分体现了自然美，它有着流畅、柔美，富有变化的性格。因此自由曲线表现出自然的节奏。

乔治·阿玛尼 2014 秋冬

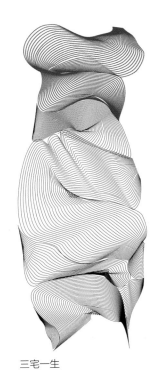

三宅一生

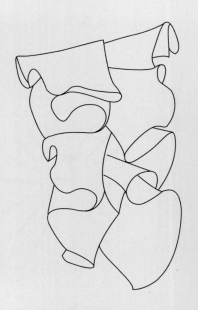

形状：自由曲线。
情态：生动自然，曲线的弧度和形状让人联想到海藻类生物，活泼、饱满，较之前两种线条更有活力。

2.2 构成形式分析

夏奈尔标志性的装饰线设计，其灵感来源于电梯服务生的制服，黑白分明的装饰线，没有丝毫的"闺秀气"，充分体现出直线男性化的性格特征，视觉上简洁而紧凑，体现出既高雅又独立的女性形象。

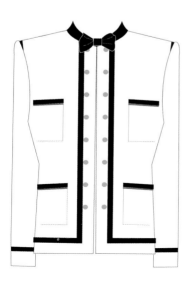

1959

1961

在同一系列的设计中，随着服装造型中线条的由细到粗和由曲到直的变化，服装的视觉特征从精致的女性化逐渐转向干练和中性化。

廓型：曲线
图案：细水平线 + 细曲线

廓型：曲线
图案：粗水平线 + 块面

廓型：垂直线
图案：粗水平线

胸前曲线的分割，增加了服装的柔美和层次变化。

条纹和块面的对比，增强了服装的力量感。

领口和下摆的曲线设计，保持了与另外两件服装的协调。

渡边淳弥

奥图扎拉 2014

笨重的布条；与其
风格协调一致。

皮革产生的线条干净、细
致，凸显其干练的形象。

睡衣的条纹出现在高定的秀场
上，创新十足。精致的手工与
明快的条纹，体现了高雅与轻
松之间的平衡。

詹巴蒂斯塔·瓦利（Giambattista Valli）2014 秋冬高级定制

服装设计中的轮廓线较实体线而言，有更大的制约性。它不能决定自身的形态，而是与服装品牌的风格密切相关。**轮廓线与服装的廓型之间既有联系又有区别。品牌的廓型是相对固定的，但是其轮廓线是在不断变化的。**例如，一方面迪奥和伊夫·圣·洛朗通过固定的廓型风格来保证品牌形象的延续性：迪奥的花冠系列（即溜肩和收腰）和伊夫·圣·洛朗的烟装（即 H 型）。另一方面，通过以下的两组照片，也可以发现，无论是花冠系列还是烟装，它们的轮廓线都在原来的基础上发生了新的变化。

加利亚诺（Galliano）继承了迪奥花冠系列的基本特征（见下图），并通过活泼的轻松线条，使女性在优雅中透着时尚和新鲜感。

迪奥 1947

迪奥 2009 春夏

迪奥 2012 春夏

1947 年 2 月 12 日，迪奥推出了轰动一时的"新造型"。它将女人从标准化的服装硬壳里解放出来，整体呈现的是柔软的线条，柔美的肩部，滚圆的臀部和极为纤细的腰部线条。重新演绎了 19 世纪上层贵妇的典雅风格，既古典又摩登。

采用质地透明而轻盈的纱质面料，优雅中带有性感和妩媚。
将裙子的长度提高到膝盖的上面，并加大裙摆的幅度，赋予了花冠系列新的青春活力。

裙子的面料更加轻柔，让人联想到花瓣的触感。线条的感觉更加轻松而自由，蓬松而夸张的造型，犹如花团锦簇，优雅而生机盎然。

伊夫·圣·洛朗的烟装，在保留了男性化的肩部和接近直线的贴体廓型外，加深的 V 领，流畅的曲线，使其严肃形象中多了几分性感和妩媚。

所谓烟装，最初是指上流社会的男士在晚宴结束后，脱下燕尾服坐在吸烟室里吸烟时换上的黑色轻便装，也叫"吸烟装"。这种服装的灵感源自男装礼服，并在中性风格中加入一些女性化的设计元素，令原本严谨的款式变得时装化。

伊夫·圣·洛朗 1966

伊夫·圣·洛朗 2009

伊夫·圣·洛朗 2012

1966 年，伊夫·圣·洛朗大胆开创了中性风格，设计了第一件女性烟装，也成为"男装女穿"时代开始的一个标志性象征。

2009 年，伊夫·圣·洛朗更为贴体的设计，显出女性柔和的曲线，加深的 V 领以及时不时露出的腿部线条，勾画出性感和妩媚。

2012 年，他同样加深的 V 领设计，但是线条感觉较之 2009 年的设计更为柔和流畅，直线的廓型设计干净利落。

线的对比能强化造型形态的主次及情感。但美的线条究竟从何而来，如何可以使线条有足够的视觉饱和度，有特定的美的形态，有适合的质感，又如何使这些线条符合时代审美及特定的文化、性格，需要长期的体验和实践。

2.3 设计心得与提示

2.3.1 轮廓线与结构线

服装上的内部结构线，包括分割线、褶皱线、省线等。通常，外部轮廓线与内部结构线在风格上相互呼应。但是，也有些设计师，会采用对比的形式。

2.3.2 材质与工艺

不同的材料与制作工艺赋予线条不同的性格特征。因此，在分析和观察时需要特别留意。

德赖斯·范诺顿 2013 秋冬

以自由曲线形态呈现的轮廓线，褶皱和面料图案，线条感觉协调一致。

粗细不同的自由曲线。不同材质产生不同的弧度。

排列上有垂直与水平方向上的疏密变化，产生较强的视觉冲击。

2.4 延伸性阅读

线条是最富有表现力的构成元素，通过对下面两个作品的比较和分析，可以加深对这个观点的理解。

1932 年《梦》中的人物是毕加索的新妻玛丽·德雷莎，现藏于纽约大都会博物馆。几乎所有看过这幅画的人，都会被其恬静的氛围所打动。

1937 年《哭泣的女人》，现藏于英国伦敦塔特陈列馆。它是毕加索在现代派艺术中最具先验性效应和性格特征的杰出肖像作品，是立体派理念的一个发展。毕加索在艺术里果断地把丑化为美，同时又在现实中义无反顾地使美向丑沉沦。此画也是毕加索后期畸形女人作品中最动人的一幅。有人说他把自己给了魔鬼，把画笔给了上帝；而对于这一幅作品，他把痛苦给了女人，这个女人，就是朵拉·玛尔。

这幅近一米的作品几乎全部都是用弧线组合而成。心形的脸，是热恋中爱的写照。唯独少女额头至嘴唇那道粗粗的黑线，自背景引入，捅破背景与脸庞的界隔，这条粗线直挺挺、硬愣愣地将脸劈为两半。奇妙的是，这条不合情理的黑线，非但不煞风景，相反起到画龙点睛的作用，犹如盘活整首诗的诗眼，它盘活了整张脸、整幅画面。它是变平面为立体的轮廓与阴影，唯其粗黑，勾出鼻的挺、唇的柔，线条右端些许变化更见大师的非凡匠心，唇下的黑点儿则是粗线柔性之延伸，缭绕之余音。总之这条线蕴含丰富的美学意味，足够创意，堪称神来之笔。

与《梦》相反，这幅作品多用直线来表现，长的、短的、不规则的，带有锐角的块面，随意地并置在妇人的脸上。这些散乱而紧凑的线条、剧烈变化的颜色和挺直有力的笔触将女人的痛苦轻而易举地表现出来。女人的面部因无法控制的情绪而痉挛；悲愤的大眼和前额颠倒支离；眼睫毛是齿轮般的，眉毛是倒悬的、锯齿般的；特别是那引人注目的嘴唇和牙齿之间凄凉的蓝白色域上，由于悲伤而破碎。她面色忽黄忽紫，浸透着墨绿的苦涩；她长着钢丝般的头发，头顶的帽子红得让人心焦；她用手撕着自己的脸，泪如雨注，声嘶力竭地放声大哭，哭得使人憋闷、心烦意乱。扭曲和断裂的，不只是一种线条的表现方式，更是极度痛苦的心灵。

米索尼（Missoni）2014 秋冬

对于艺术本身，任何地方都不可能达成一致的意见，在这样的
情况下，我们必须回到最初，去关注点、线、面以及所有其他
形状。

——阿明·霍夫曼（Armin Hoffann）
瑞士巴塞尔设计学院（1946~1986）
平面设计师和前任董事

面

3

学习目的

/ 认识面的不同类型及情感特征
/ 探索面的不同构成形式，培养表现技能
/ 理解面与服装主题的关系，培养表达能力

学习方法

/ 研究：搜集自己感兴趣的服装设计作品，分析其构成形式
/ 练习：内部形态与外部形态练习
/ 讨论：与其他同学分享制作过程和结果

学习内容

/ 面的基本概念
/ 面与服装设计的关系
/ 面的类别与属性
/ 面的构成形式分析
/ 设计心得与提示
/ 延伸性阅读
/ 课题训练

本章研究的面不仅仅是指某个具体的图形，还包括不同形状的面及其构成形式所带给人的不同视觉体验和原因。

面的主要视觉特征就是量感

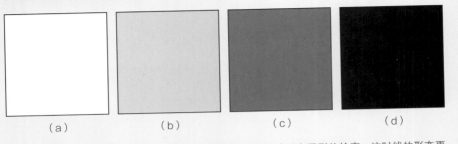

（a）　　　　　（b）　　　　　（c）　　　　　（d）

（a）一个空白的封闭图形，完全没有量感，并且将人的视线引向图形的轮廓，这时线的形态更明确。从（b）到（d），图形的量感随着色调的变深逐渐加强，从而面的形态更加确定。

3.1 面与服装设计

虽然服装造型是立体的，但是我们在认识服装时，首先看到的是外形，服装的外形及"外轮廓型"，它包含整个着装姿态，服装造型以及所形成的风格特点，因此，服装外形对服装设计来说是至关重要的表现要素。如左下图的铃兰造型。

除了整体造型外，服装的各个局部造型也与图形密不可分。

迪奥 20 世纪 50 年代的作品，连衣裙的廓型来自铃兰，优雅而富有女性的柔美。

3.1.1 面与点

一个面就是一个大的点，它的外轮廓及形状，具有非常重要的特点。例如，它不只是圆形的，也可以是方形的。它可以是具象的，也可以是抽象的。面越大，点的特征就越不明显。这个变化取决于面及其所在空间的大小对比。

普拉达（Prada）2013 春夏

一个点不断增大，它的外轮廓成为图形重要部分，尤为引人注意，对其轮廓的关注将超越对其作为点的聚焦，就成为一个面。

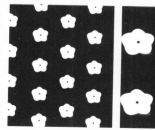

思考一下，以上哪件作品里的装饰图形，更像是面而不是点？

3.1.2 面与线

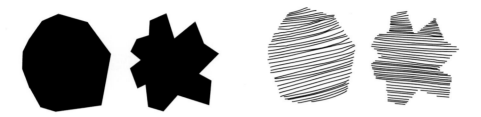

一个具有简单轮廓的面要比具有复杂轮廓的面显得重。当它们表现出肌理的时候，则会显得比较轻盈，有肌理的简单轮廓面比没有肌理的复杂轮廓面要轻盈，但是有肌理的复杂轮廓面则最轻盈。

  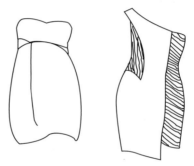

同色面料的拼接，其中分割线的形态比较突出。当不同颜色或质地的面料进行拼接时，块面的感觉更强。

3.1.3 几何图形

基本的图形有好几种，每种都有与众不同的地方。或者说人类的眼睛和大脑对每种图形的感知都不一样，每种图形都有自己的特征。当我们的大脑在应付各种各样的图形的时候，它们也在试图通过识别一个图形的外轮廓来确立它的含义。

图形的分类一般有两种，即有机图形和几何图形。一个图形如果其轮廓是有规律的，本质上就是几何图形。几何图形传递的信息是人为合成的。

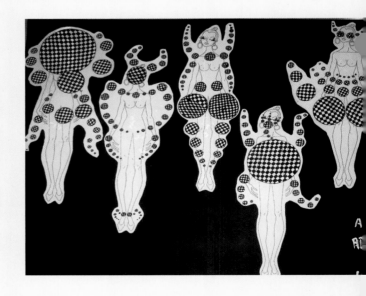

安定、踏实和亲切，让人联想到远山。

时髦、尖锐、修长，同时也有点不安定的感觉。

动感和不安定，同时也有一种力度感。

正方形在基础平面中是最客观的形态，由上下、左右两组线来保持均衡。

圆是最单纯的曲线围成的面，在平面形态中具有静止的感觉。

三角形的构造、方向、均衡具有更复杂的性格，底边宽与高度的关系表现水平与垂直力的关系。

3.1.4 有机图形

有机图形指的是那些无规律，复杂多样并且千差万别的形状——就是无数次在自然界中看到身边的有机图形后在大脑中形成的想法。与几何图形相比，有机图形更容易让人产生联想，也最容易引起人们的兴趣，不容易产生呆板、乏味、枯燥的感觉。

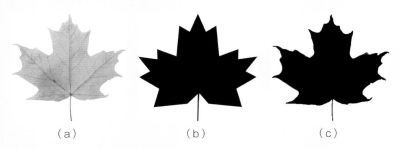

（a）　　　　　　（b）　　　　　　（c）

几何图形存在的意义像是自然图形和有机图形"构筑的砖块"。图形（a）上的点和线——由于昆虫或真菌留下的小洞和叶脉——都清晰可见，叶子的外轮廓是对称结构。

经过风格化处理后，图形（b）保留它几何的特征，却失去了它有机的特征。通过突出它的内部构成的不同，图形（c）加强了它的有机属性，而且也没有失去其规格化的特点。

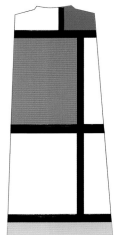

变化是有机图形的内在特征，如下图的两个设计都属于有机图形，但是左下图的
轮廓变化简单，因此对称结构的几何图形的特征较为明显。右下图的轮廓变化复
杂，在层次方向和肌理上变化多样，有机的特征更为突出。

欧尼·特尔（Ohne Titel）2013 春夏　　　　欧尼·特尔 2013 春夏

线条柔和的图形与线条硬朗的图形相比，有机的特征更明显，正如姿态丰富、弯曲
多样的图形或外轮廓在韵律变化、方向和比例上不断发生变化的图形。以下两个设
计的灵感同样来自花的外形，但殷亦晴的感觉更具有机性、更追求自然和生动。

殷亦晴作品中轻柔纤细的轮
廓线，放射状的细折，与花
瓣的形态极为相似。

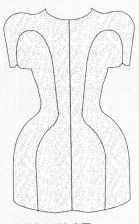

巴黎世家 2008 春夏

殷亦晴 2014 春夏

依盖尔·埃斯茹艾尔
（Yigal Azrouel）
2014 早秋

图底反转 黑色的负形由上而下，在不知不觉中转化为叶子图形。

3.1.5 图形与空间

图形被认为是一种积极的元素，一种实心的物体。空间被认为是消极的元素，不是糟糕的意思，而是图形以外或图形相对的地方。空间是"底"，而空间中的图形则成为"图"。"图"与"底"之间是相互补充、相互依赖的关系，如果其中一个发生变化，另一个必定随之改变。

在一些构成中，图与底的关系非常复杂，甚至复杂到在视觉上可以同时相互转换的程度。这种在上一秒钟看到的是正形，而在下一秒就变成负形的情况称为"图底反转"。这类图形最为有趣，因为它们能为大脑提供极为丰富的视觉体验。

《阴阳花瓶》艾德加·鲁宾

芬迪（Fendi）2013 春夏

深浅不同的色块表现出受光和背光，产生强烈的三维空间感，图与底之间形成有趣的互动。

3.2 构成形式分析

霍根·麦克劳林（Hogan McLaughlin）
的设计偏向于现代感、未来感，以及布
满了棱角的哥特艺术感。

服装构成的主要视觉要素——
尖锐的棱角和饱满的弧线，它
们与强烈的哥特建筑中高耸的
塔顶和飞扶壁极为相似。线与
面相互配合，使整体结构有松
有弛，层次分明。

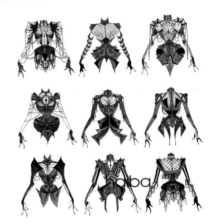

普拉达 2012 春夏　　大卫·科马 2014 春夏

这两款服装在设计方面都成功地通过块面对比和错视原则，将视线集中在最前面的图形，很好地凸显了女性的腰线。

* 普拉达 2012 SS
类似花蕾柔和的有机图形，生动而富有韵律感。

* 大卫·科马 2014 SS
正反相接的两个三角形，力量和现代感。

让·保罗·高缇耶 2014 秋冬

逼真的蝴蝶造型，生动自然。

依盖尔·埃斯茹艾尔 2014 早秋

不规则的几何图形具有斜线的某些特征，所以具有较强的动感。除了方向的对比外，不同材质和色彩的对比，使面的造型更为突出，增加了层次感。

海尔姆特·朗
（Helmut lang）2014 秋冬

同样是以长方形为主要的视觉元素，黑、白、灰三个层次组成明快的色调。下部小块灰色的图形不仅增加白色区域的视觉变化，而且与上部的灰色形成有效的呼应，黑、白、灰三个区域的搭配更为整体。

嘉布里尔·考兰格路
（Gabriele Colangelo）

整体的造型结构概括为两个方向相同的长方形，简单却极为别致。图形叠加的方式使面积的对比更自由和易于控制，同时凸显了材质和色彩的细微变化。

百索 & 布郎蔻
（Basso&Brooke）

不规则的图形所具有的方向性与其周围的空间形成强烈的对比，动感强烈。

川久保玲

白色 T 恤上印制的黑色 T 恤图形就充分考虑到了图对底的空间分隔作用，将负空间安排的错落有致，显得生动活泼。

* 大面积的黑色图形与服装轮廓之间留有适当的空间，避免肩部和颈部对图形的影响，保留了图形硬朗干脆的感觉。

* 腰部黑色的三角形穿过白色的区域，与上面的黑色连成为一个整体。同时白色由负形转为主形，成为视觉的中心。

去掉腰部的黑色图形，

黑色与白色区域相对孤立和静止，视觉上显得较为单调。

大卫·科马 2014 秋冬

想一想，这两款服装在造型上有什么相同的地方呢？这对你有什么启发？

托马斯·迈耶
（Tomas Maier）2014 早秋

黑色与白色面积的比例、位置，整体与身体结构之间的关系都是明确而坚定的。

3.3 设计心得与提示

3.3.1 设计到位

到位是指设计的图形或构成方式最大限度地接近其表达的初衷——明确简单并且无争议地传达了一种特定的品质。就像"漂亮"这个词一样，到位除了可以用来形容优雅，富有美感的图形，还可以用来形容粗糙的、有机的、主动的图形。因此，到位是对某个造型的精确程度的评价。

一个造型的到位程度指的是，它有多像它自己，有多明确，在被其他元素干扰或抵触的情况下也能不受干扰——而不只是看起来多么"美观"。

下图是分割实验，当省略和改变分割的区域，或者说改变图形时，原有的生动就不复存在了。各个区域变得孤立而且静止。

简洁的块面造型将上半身分成 A、B、C 三个区域，裙子块面大小的变化与被分割的区域相辅相成，就如同埃舍尔的小鸟，不知不觉地就变成了图底的方块。

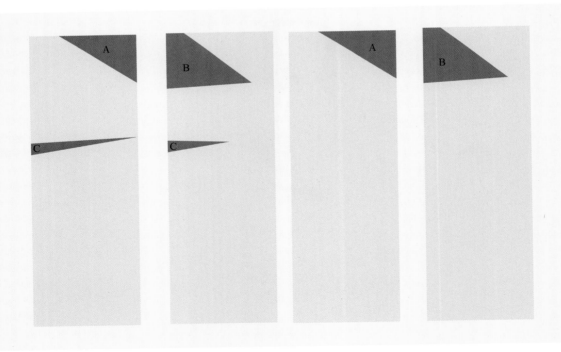

3.4 延伸性阅读

从服装史上可以明显看出，在服装设计中，外形的确立影响着各个时期的流行特点，形成了不同时代的流行特征，而且会产生对人体不同部位的强调，由此构成了各个时代的流行风貌与格调。20世纪50年代著名服装设计师迪奥连续发表了很多以英文字母为外形特征的新样式，这种新样式的出现高度概括了服装的外轮廓型，使其规范化、几何化，为服装设计提供了新方法。

1947 花冠　　1948 翼型　　1950 垂直线型　　1951 椭圆型　　1952 波纹曲线型

1953 郁金香型　　1954 H 型　　1955 A 型　　1955 Y 型　　1956 箭型

3.5 课题训练

3.5.1 内部结构造型训练

训练 1

选择某一种规则或不规则几何图形为基本的造型元素。

训练 2

选择两种或两种以上的几何图形为基本的造型元素。

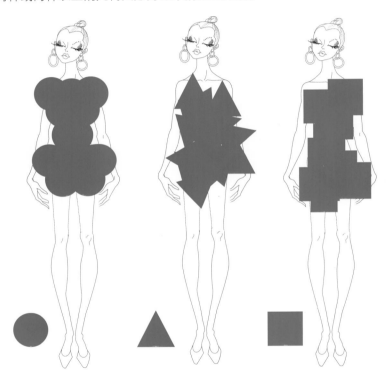

3.5.2 步骤和要求

（1）准备好大小不同或相同的造型元素若干。

（2）在人体上任意摆放，根据需要调整造型元素的大小、位置和排列方式。

（3）快速地从不同角度去尝试，做出尽可能多的方案。

（4）将造型固定，把每个想法都保留下来。

（5）注意避免内部变化，有利于突出外形的特点。

（6）最后可以用其他工具做造型的调整和完善，但尽可能保留造型的随意和偶然性。

（7）每个造型尽可能地新颖独特，不要有相似或重复的感觉。

3.5.3 工具和材料

（1）印有人体模特的 A4 纸（10 张左右）。
（2）拼贴材料：有色纸或布。
（3）剪刀、胶水。

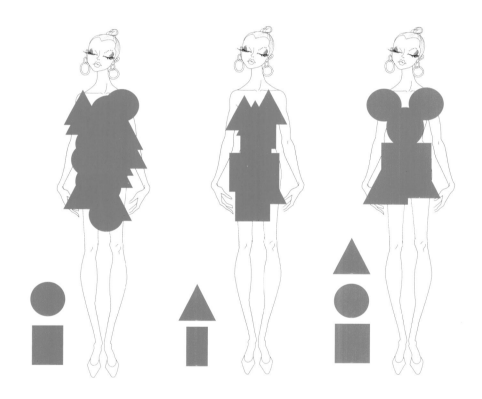

通过练习，可以发现千变万化的服装外形似乎都可以用几何图形来组合完成。例如，方形、圆形、角形、钟形、梯形等形态的组合、大小变化，穿插、折叠为新的服装款式构成，构架起无限创意遐想的桥梁，当然，每个组合的形态不一定都立即派上用场，而是作为形象资料存储起来，便于今后做某项服装设计时选用。

3.5.4 外部轮廓造型训练

训练 1
选择某一种规则或不规则几何图形为基本的造型元素。

训练 2
选择两种或两种以上的几何图形为基本的造型元素。

3.5.5 工具和材料

（1）印有人体模特的 A4 纸（10 张左右）。
（2）拼贴材料：有色纸或布。
（3）剪刀、胶水。

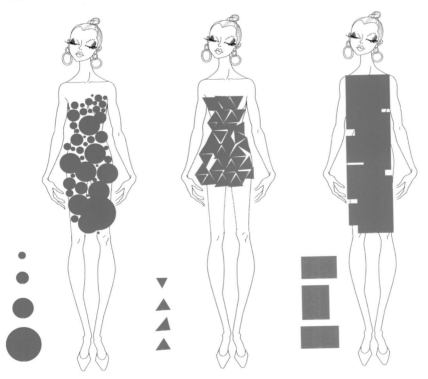

3.5.6 步骤和要求

（1）准备好大小不同或相同的造型元素若干。
（2）在人体上任意摆放，根据需要调整造型元素的大小、位置和排列方式。
（3）从不同角度去尝试，快速做出尽可能多的方案。
（4）将造型固定，把每个想法都保留下来。
（5）注意外部轮廓尽量简单，有利于突出内部结构的特点。
（6）注意正、负形的转化，尤其是负形的设计。
（7）最后可以用其他工具做造型的调整和完善，但尽可能保留造型的随意和偶然性。

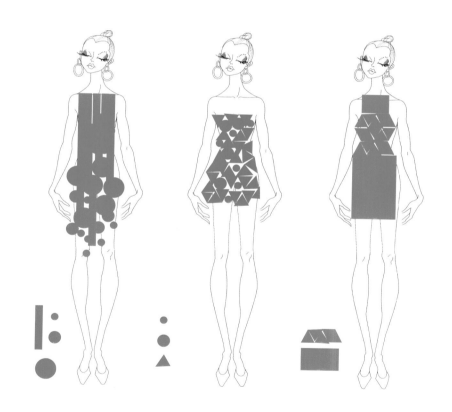

外形可以是在制作过程中自然产生，也可以先确定好大致的外形，再进行内部结构设计。根据操作的便利和个人的喜好来定。

无论你触碰到什么,(很可能)有人会感觉;
如果你感觉到什么,(很可能)有人会碰触。

——里克·卫理森蒂(Rick Williamson)

肌理

4

学习目的

/ 认识肌理的不同类型及情感特征
/ 培养对材料的感知能力
/ 探索形式之间的联系，培养表现技能
/ 理解肌理与主题之间的关系，培养表达能力

学习方法

/ 研究：寻找自己感兴趣的设计作品，分析不同肌理的表现手段和作用
/ 观察：从不同的角度观察日常生活中的细节，如墙面上的污迹、花坛
　　上的阴影，用图形和文字的方式记录
/ 试验：寻找不同事物之间纹理的相关性，重新组合，寻找新的含义
/ 讨论：与其他同学分享你的观点和发现

学习内容

/ 肌理的基本概念
/ 肌理与服装设计的关系
/ 肌理的演变
/ 肌理的构成形式分析
/ 设计心得与提示
/ 延伸性阅读
/ 课题训练

肌理是指物体表面的纹理

"肌"——皮肤。

"纹"——纹理、质感、质地。

4.1 肌理与服装设计

肌理作为一种独特的形式语言，具有很强的表达能力。不同的质地有不同的物质属象，因而也就有其不同的肌理形式，使人产生多种感觉。无论是设计一件礼服还是一件 T 恤，都可以通过肌理来传达一种情绪，强调一个观点或表现一种真实存在的感觉。如下图两位同样来自日本的设计师，通过褶皱的设计演绎出完全不同的个人风格。

三宅一生 2016 春夏

三宅一生 2013 春夏褶皱的线条纤细而流畅，有序的排列中带有自然的变化，让人想到微风吹过时湖面泛起的微微涟漪，或是山脉起伏的纹理。

川久保玲 2011 秋冬褶皱的线条无序混乱，层层叠叠地堆砌在人身上，给人感觉怪诞而不合常理。

事实上，我们所使用的每个元素都会或增强或减弱整个布局的效果。合理地使用肌理，不仅会增强作品的整体感，还会赋予作品深刻的内涵。如果肌理使用的不合适，布局会变得拥挤而混乱，除非你恰好希望获得这种混乱的感觉。从设计的角度来看，"美"应该是准确而清晰的表达。

4.1.1 肌理的形成

肌理有很多种划分方法，这里按肌理的演变和形成方式将其分为真实、模拟、抽象、虚拟、象征的肌理，以便于我们去理解肌理产生的条件以及设计思维的过程。

（1）真实肌理

对物象本身的表面纹理的感知，可以通过手的触摸实际感觉材料表面的特性，如光滑或粗糙、绵软或坚硬、温暖或冰冷等。真实肌理最主要的特点就是生动、直观。

如果让你在一堆蔬菜、水果与服装之间展开联想，你可以想到什么呢？

你能够把前面的图形与下图中的这些材料联系起来吗？

纹理作品 1　　　　　　纹理作品 2　　　　　　纹理作品 3

这组利用蔬菜、水果的纹理特征的作品，材质的选择与服装特点的契合让人惊叹不已。

纹理作品 1
粉色的小礼服，精致、清新。藕片横截面的造型让人自然联想到蕾丝花边的纹理。

纹理作品 2
香蕉皮反面纹理的厚重感，给人秋冬的温暖。高高的围领，交错重叠的纹理，组成麻花的纹样，
增加其毛衫的特点。如果没有看到用香蕉皮做的迷你裙，你会想到这件毛衫的真实材质吗？

纹理作品 3
同样是小礼服，粉色的藕片给人清新、精致的感觉，而西红柿给人娇艳欲滴的感觉。类似香
蕉皮的处理手法，作者同样运用了一正一反的两种质感的对比。裙子的上部运用的是果肉，
给人柔软、紧密的感觉。裙子的下部运用更为鲜亮的果皮，让人联想到亮片或珠宝的光泽，
而且这样较为容易塑造出裙子蓬松的球形。

（2）模拟肌理

再现在平面上的形式写实。它着重提供肌理的视错觉与某种幻想。通过观察来"触摸"物象的表面，通过素描色彩表现"质感"，达到以假乱真的模拟效果（此种描绘形式被称为"超写实"画法）。

这里我们看到的，无论是右图中表面自然的褶皱，还是下图中模特领部大大的折褶，都只是视觉的假象。这种对面料的处理手法带有视觉游戏的感觉，大大增加了服装的趣味性。

百索＆布郎蔻 2011 春夏

（3）抽象肌理

抽象肌理是对模拟肌理的图案化，是对物象的抽象表达，常显示出原有的表面肌理特征，可根据特定要求做适当的调整处理，使其清晰化。它关注与物象表面特定的纹理图案，步入符号化，它的构成主要取决于材料表面的纹理特征。抽象肌理可以用来强调或减弱某些局部，成为一种有效的构成手法。

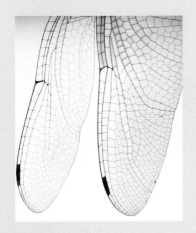

受水墨启发的笔触，最终成为的印花。

（4）虚拟肌理

相对于前面真实的肌理，我们还可以利用现在的数码技术，将从真实世界中的得到的图片作为一种素材进行再编辑，从而给人一种似是而非、无法确定的虚幻感。

麦克·奎恩
（Mac Queen）2010 春夏

设计师使用高清数码相机从非洲原始森林获得各种动植物的表皮照片，将这些动植物的肌理输入电脑，重新组合。高科技的数码技术赋予这些自然元素以科幻、未来的感觉。

（5）象征肌理

纯粹表现一种纹理秩序。是肌理的扩展与转移，与材料质感没有直接关系。它要求人们在进行任何一种视觉艺术创造的同时，在形式中要构建强烈的肌理意识。例如，山川地貌的等高线及一系列符号；城市地图中疏密有秩的街道和街区所构成的图形等，都可被视为某种肌理。

下图用到了抽象轴承的图形。黑色橡胶的质感，统一的正圆、规则的排列，不同裁片略微松散的链接方式，给人后工业时代的感觉。

4.2 构成形式分析

4.2.1 拼贴法

拼贴是最具有后现代特色的方法，它高度依赖直觉，不仅需要考虑在同一空间中同时安排全然不相干的对象的可能性，还要兼顾组合元素本身的自然属性——这意味着拼贴要做到准确到位，包括修剪的图像、剪出来或者撕出来的纹理纸片、实物的部件，还有其他或手绘或印刷的素材。

它有两种形式，一种是通过电脑实现的图像拼贴，另一种是带有触感的实物拼贴。这两种方式各有优点，电脑制作修改方便，还可以通过图像处理工具实现丰富的视觉效果，实物拼贴则更为自由、灵活。电脑拼贴虽然可以模拟某些实物的效果，但是毕竟无法取代真正的触感。

玛丽·卡特兰佐
（Mary karantzou）2013 春夏

* 元素的选择
不同地方的邮票，怡人的风景，暗示作者对旅游的向往。

* 构图方式
左右对称平衡，自上而下，阶梯状变化。

* 排列方式
边框之间的负空间，形成巧妙的黑色装饰线，构成反转图形，正、负形相辅相成，融为一体。

* 线的运用
黑色的装饰线一方面作为轮廓，如领部、胸部，突出服装造型；另一方面作为分割线，形成不同块面的对比，使视觉上更加丰富。

*元素的选择

斑驳的墙壁作为时间留下的痕迹，见证着历史。人物不同的表情，似乎是不同的时刻，或是重要或是不重要，或是高兴或是悲伤。

*排列方式

有些类似电影中的蒙太奇手法，将人物自然而非现实地融合在背景中。如同人们记忆中的不同片段，具有非线性连续、清晰且不完整的特点。

*细节

墙壁斑驳的表面被放大，真实地再现其质感，具有很强的时间感。

百索 & 布郎蔻 2011 秋冬

*元素的选择

两类材料的对比：一类是自然主题的材料，其颜色和质地让人联想到海边退潮后的沙滩，礁石上矿物质的反光。印花图案让人联想到岩石起伏不平的表面和纹理。另一类是工业感的塑料，给自然主题的设计带来未来的感觉。

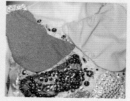

*排列方式

不同块面的连接方式和距离，如同岩石的缝隙自由曲折。

*线的运用

不规则的自然褶皱构成相互交错的线条，印花图案与松散的手缝线迹之间相互呼应的同时，形成不同层次的变化。

4.2.2 实物拼贴

Viktor & Rolf

此系列被命名为"可穿的艺术"，现场表演将外套、礼裙和披风等服饰穿戴整合在画框中，将人
与艺术的冲撞表现得淋漓尽致。

4.2.3 折叠

这种方法是主要用于面料的加工。在一张平面的材料上，不经过切割，而是通过折曲或反复折曲形成瓦楞状，使平面产生凹凸不平的有规律的触感。如三宅一生的作品，就最为典型。他一直在研究如何设计出完美的褶。在他的设计中，褶呈现出丰富的变化，既有直线褶，又有曲线褶。在曲线褶中有时能根据需要，压出不同的面来。曲线褶还有不同的造型方法，产生渐变等形式效果。

三宅一生 2013 SS

* 排列方式
规则中带有微微的、疏密的变化。

* 线条
柔和、自然，或是带有手工感的人情味，或是精致，细腻。

* 形式感
生动、优美，韵律感，感觉极为舒适。

4.2.4 堆积法

大多用小的颗粒或细线的局部面堆积。小
的颗粒可运用几何形与非几何形。一颗小
的纽扣，一粒小的彩色药丸，一颗白石子，
都能以一定的数量堆积在一起，形成面积，
构成势态，从而产生视觉上和触觉上的不
同，给人以不同的心理感受。

另外还有一些运用比较多的方式：

4.2.5 雕琢式

随着科技的进步，雕琢的工艺也越来越先
进。现在的微型雕刻机与电脑相配合，使
雕刻的效果达到神工鬼斧的程度。无论是
镂空还是面雕，都是从物质表面的视觉出
发，可以有效地改变物质的本来属性。

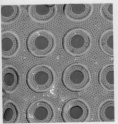

4.3 设计心得与提示

在肌理的制作过程中必须考虑两个基本的因素：

首先，每种材料都有其固有的肌理特性。如水彩的柔和渐变的明度变化和自由轮廓线，木刻版画线条锋利，一个轻松飘逸，一个粗犷有力，无法相互取代。

其次，在具体的使用上，技法不同，也会出现不同的效果。这一点在中国的书画技法中体现得最为明显。例如，同样一支简单的毛笔既可以画出气势磅礴的山河，也可以描绘出清新的花鸟。

除此之外，观察和感悟对于肌理的应用与设计尤为重要。非同一般的作品，并不取决于非同一般的材料，而是取决于非同一般的观察视角和构思。很多优秀的设计都来自我们随处可见的日常生活。因此，如果我们能处处留心，保持好奇的心态，用儿童的眼睛去发现这个世界，通过联想的方式对周围的事物展开积极的思考，灵感就会在不经意的时候飘然而至。

米迦勒 – 达尔汉（Michael van dar Han）2013 春夏

4.4 延伸性阅读

麦克·奎恩

《死去的天鹅》

在某些条件下，肌理制作过程的本身就是一种美。这种美比起
那些单纯为了达到某种视觉效果的设计，更为纯粹和干净。

1999 年，麦克·奎恩的春夏时装秀上，凯特·莫斯（Kate Ann Moss）身着一件白
色的长裙，走上 T 台，两台油漆喷射机将大量的颜料直接喷到模特的身上，在模
特的尖叫声中，表演持续了大约 5 分钟，完成了炫彩的魔幻裙。这里白色裙子象
征纯洁和自然的事物，工业染料以一种极其野蛮的方式，对纯洁的摧毁，对自然
的涂抹和粉饰，表达了作者内心对工业社会的愤慨和无奈。

因此，作品最美丽和动人的地方在于其演出的过程带给人心灵上的震撼。这种美
与我们单单看到某种通过喷绘方式所产生的肌理图案是完全不同的。虽然这件作
品里技法的选择并不是因为某种视觉的效果，但是可以启发我们从更深的层次去
理解肌理制作这一行为。

4.5 课题训练

4.5.1 肌理自由拓展造型训练

步骤 1. 观察和收集你所感兴趣的形态

资料的来源可参考以下几个方面：

/ 生活细节：如水滴、墙面上的污渍、湖面上的涟漪、洋葱的横切面等。
/ 艺术作品：如抽象绘画、色彩的堆积感或渲染、线条的排列或缠绕。
/ 建筑设计：如建筑的内部结构或外部结构、建筑材料的质感。
/ 平面设计：如字体的疏密所形成的不同灰度、不同字体排列形成的张力。

资料的形式可以是任何视觉形式，如实物、手绘、照片、图片等。对收集的资料进行整理，确定可能会用到的 3 种素材。要求图文并茂，注明来源，你觉得有趣的原因，以及你觉得可以如何应用。

步骤 2. 试验寻找不同纹理之间的相关性，进行重新组合使之符合人体的形态

将每种素材做不少于 3 次的实验，并确定最为合适的素材。表现形式不限，可以根据自己的喜好和需要，选择拼贴、绘画或两者混合。寻找新的含义，即明确主题。

步骤 3. 完善你的主题

确定了某类素材后，你可能还需要再次收集。以便完成一组不少于 10 个系列组合方案。

经过比较和分析，选出 5 个方案，进行排列组合，并装裱在 A3 大小的卡纸上。除此以外，在你装裱的卡纸上应该还包括以下内容：

/ 主题名称。
/ 素材来源。
/ 你个人的想法或体验。

4.5.2 作品范例和说明

该作品充满奇思妙想，最重要的是它能在建筑结构和时装的结构中找到共同的焦点，为这些看似毫无关联的素材找到合适的位置。使它们形成各具特色的一个完整系列。

你可以从中受到什么启发呢？为什么这些拼贴有趣且富有想象？是因为材料，因为作者让这些看似与服装没有任何关系的素材成为了服装，而且关键的是，无论是帽子还是裙子，都让人觉得恰到好处。

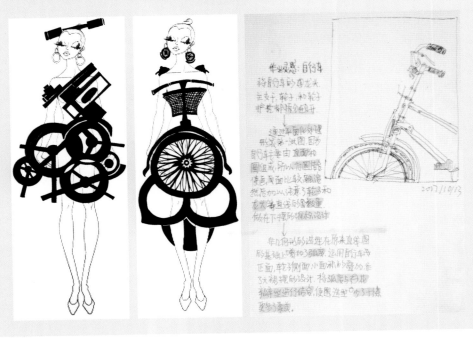

想想看，在你生活中，有没有什么东西的结构或形态，让你特别感兴趣？
试试看，它们是不是也可以创造出一种特别的风景呢？

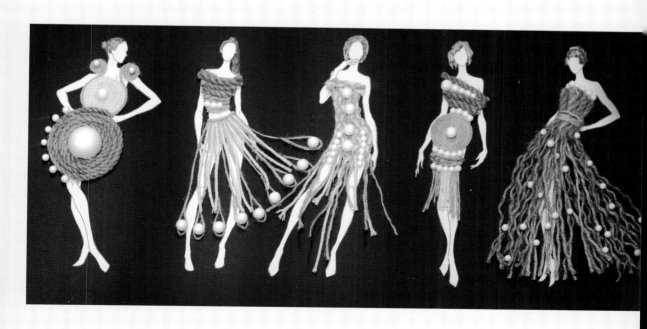

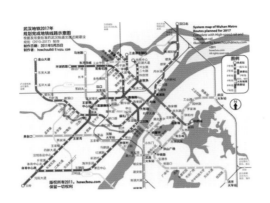

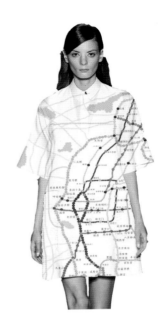

《距离》

经济的快速发展也带来了交通的发展，从前时光很短，但路程却很长。江对岸互相思恋的人一周见一次，现在每天都可以相见。

地铁线路的增多，让人与人之间的距离更近了。

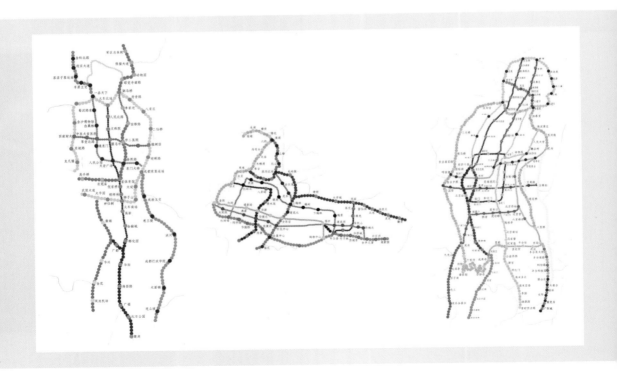

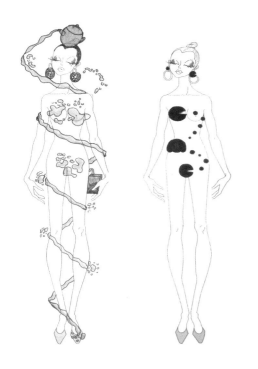

肌理的学习不仅是某种表现技法上的模仿，而是将直接的触觉经验有秩序地转化为形式的表现。这才是肌理研究的核心问题。我们可以通过"视觉触摸"来获得对材质的感觉经验，而这些感觉经验可以用摄影 文字进行记录与整理，作为以后研究的资料。

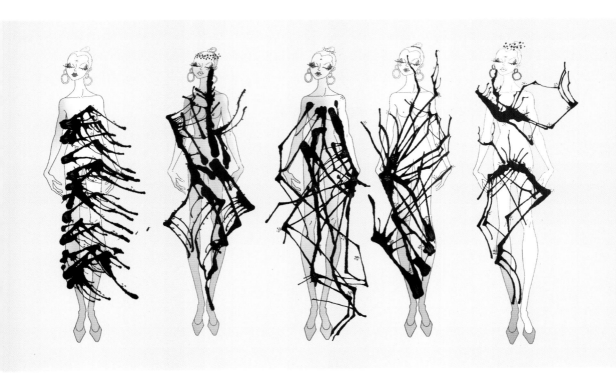

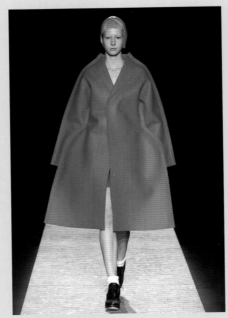

川久保玲 2012　秋冬

时装就是建筑，它是事关比例的事情。

——可可·夏奈尔（Coco Chanel）

比例

学习目的

/ 能运用相关概念对设计作品进行分析

/ 理解不同比例与服装主题的关系

/ 能根据主题要求选择和应用合适的比例形式

学习方法

/ 体验：发现或搜集形态优美的事物或作品

/ 研究：分析设计作品中不同比例的作用

/ 练习：运用不同比例进行服装内部与外部的造型训练

/ 讨论：与其他同学分享实验过程和结果

学习内容

/ 比例的基本概念

/ 比例与服装设计的关系

/ 构成形式分析

/ 设计心得与提示

/ 延伸性阅读

/ 课题训练

比例是形态设计中部分大小尺寸之间的相对关系

当比例合适时，整件作品便秩序井然，给观者舒适的感觉

5.1 比例与服装设计

比例是决定设计作品各个部分的大小以及各个部分之间的相互关系的重要因素。在服装设计中它可以用来调整 3 个方面的关系：

* 服装整体与人体的关系，包括横向比例和纵向比例。
* 服装整体与局部的关系——比例分割。
* 服装局部与局部的关系——比例分配。

5.1.1 服装整体与人体的关系

服装整体的比例与服装的廓型密切相关，直接体现设计的风格。例如，下图 3 个来自不同品牌的作品，分别采用了宽松、修身和紧身 3 种不同的横向比例，分别体现了 3 种不同的女性形象。

朱崇恽（Zhuchongyun）2014 春夏

拉夫·劳伦（Ralph Lauren）2014 早春

荷芙·妮格（Herve Leger）2014 早春

* 朱崇恽宽松的设计，面料如同是披挂在身上一样，毫无雕饰感。服装与身体之间存在大量活动的空间，让身体更舒适和自由。体现了中国文人追求的自然闲适的审美意识。

* 拉夫·劳伦的贴身设计，代表典型的实用主义，它既含蓄地体现了女性柔和的曲线，又具有大方、舒适的特点。

* 荷芙·妮格紧身连衣裙是体现女性曲线的利器，在它的包裹下女性的身材得以完全的呈现和修饰。

5.1.2 基本比例与风格

荷芙·妮格的服装以突出女性完美曲线为特点，其设计中的线条分割尤为出彩，并因此创造了时装界的"绷带神话"。

通过对作品整体的观察和比较，我们可以发现虽然其历年的设计作品不同，但服装中的胸、腰、臀的比例（如右图）有着惊人的相似，尤其是腰部的位置。在这些设计中，我们从来都看不到低腰或者其他破坏身体比例的设计。那些或疏或密的分割线，都是为了让女性的身材更加苗条和修长而存在。所以，在人们的印象中该品牌总是能将女性的身材完美的呈现。

2011 早秋　　2011 秋冬　　2014 春夏　　2014 早秋　　2009 秋冬　　2010 春夏

2010 秋冬　　2011 春夏　　2012 春夏　　2012 早秋　　2013 春夏　　2013 秋冬

在比例调整的 3 组关系中，服装整体与人体的比例最为重要，就如同著名设计师
艾尔西·夏帕瑞丽所说：

人的形体在服装中是绝不能忽视的，它必须犹如建筑的框架，
不管线条、细节多么有趣，都必须同这个"框架"联系起来。

——艾尔西·夏帕瑞丽（Elsa Schiaparelli）

5.1.3 服装整体与局部的关系——比例分割

比例分割是将一个整体分成几个小面积的个体，这些小面积的个体之间的比例关
系小面积与整体之间的比例关系就是被分割的比例。比例分割的对象是一个物体。
在服装设计中的比例分割常用于确定内侧分割线的位置及长短。

服装的比例分割是从廓型发展而来的。如果廓型是服装的整体形状，那么比例就
是通过运用各种线条（水平线、垂直线、斜线或曲线）来分割人体，或是运用色
彩、面料形成色块。

大卫·科马

把以上设计中的结构或装饰比例单独提取出来后，我们会发现，这些领口、腰线或者某个装饰块
面的位置竟然严格地遵循着某种数理上的比例关系。

（1）倍数比例

13 世纪的意大利数学家列昂纳多·斐波那契（Leonard Fibonacci）发现了数学递增的规律，在这个规律中，每个数字都是前两个数字的总和，例如，1：1：2：3：5：8：13：21，等等。

（2）奇数比例

这种比例更为简单，其比例是按 1：3：5：7：9……等级差数数列求的比例，也称为日本比例。

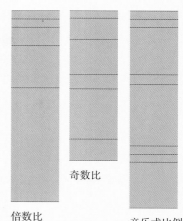

倍数比 奇数比 音乐式比例

（3）音乐式比例

音乐的和弦或和音——西方音乐中的 7 个特有音调所产生的八度和音的间隔——也可能产生于空间间隔相关的比例关系。和音程一样，结构的音乐式构成所产生的韵律可适用于设计中元素之间的间隔，例如 ABA 或 ABAC，A 是一个量度，B 是另一个量度，等等。

通过上图，我们可以发现这样的规律：
倍数比例会随着列数的增加，单位之间的差异增大。
奇数比例相反，其列数增加，单位之间的差异变小。
音乐式比例，则以相同单位的重复出现为特点。

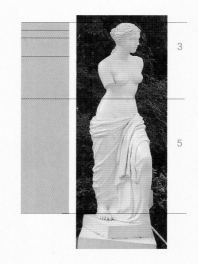

（4）黄金分割

在古代希腊，人们从审美角度总结，整体中两个不相等部分之间最完美的比例关系为 1：1.618。例如，他们认为最美的矩形就是短边边长为 1，那么其长边的长应为 1.618。这种比例被尊奉为黄金分割，被认为是美的典型，这个比例最初运用于建筑、雕塑艺术上，如希腊女神"维纳斯"、太阳神"阿波罗"等，为了符合这个比例都有意识地将腿部加长。另外，我们也能够在许多天然图案中发现类似的比例关系，例如，在雏菊中央连续的小花的比例关系中，或者在鹦鹉、螺壳的生长阶段上。

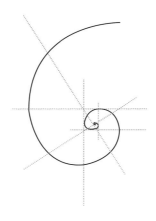

这也说明，不管是人体比例或是周围世界中其他熟悉物体的比例，我们对那些看上去比例合适的物体有着敏锐的直觉。有很多人常常在第一时间发出"形态很好看"的感触，但不知好看的原因。通过形态美学的原理，我们可以知道作品各个方面相互之间存在着完美比例关系正是其中的重要原因。

（5）服装局部与局部的关系——比例分配

比例分配是在两个或两个以上物体之间确定某种比例，比例分配的对象不是一个物体。它主要用于零部件或服饰品相对于服装整体的位置设计，或者用于不同服装内外或上下的层次搭配，其关键是体现不同服装的大小比例。

由于不受比例分割时单一整体的局限，比例分配的形式更富于变化，可灵活简易地表达出各种不同的分配情趣。例如，可以不断更换外套与短裙、长裙或其他服装的搭配，可以不断变换饰品的位置等。

奥图扎拉（Altuzarra）2014 秋冬

由不同的色彩比例、长短比例所形成的统一而有变化的整体感。

5.2 构成形式分析

5.2.1 外部造型的变化

超大的廓型，以及不成比例的袖长，加强了服装的扁平感，在这个二维的童话世界里，模特的身体似乎处于一种不确定的状态。若隐若现的身体轮廓线条赋予简洁的平面自然而丰富的变化。

川久保玲 2012 秋冬

这件晚装是 1937 年，夏帕瑞丽与超现实主义画家让·考克托（Jean Cocteau）共同的杰作。她把时装的重点从腰部转移到肩部，给肩部加垫肩，从而造成挺括向上的视觉感受，这样的修长线条和宽肩设计，逐渐成为她的风格标签。

迷你裙是 20 世纪 60 年代最伟大的时尚发明。1961 年，库雷热（Courreges）自立门户，凭借"将长裙拉到膝盖以上"迅速成名。他将"短"的概念引入时装，改变了飘逸纤长的女装主流。

1965 年，在《我梦见珍妮》中担任主角的芭芭拉·伊登（Barbara Eden）代表了 20 世纪 60 年代的女性所追求的形象。

5.2.2 内部造型的变化

放大的儿童简笔画，使其笔触和线
条特征得以强化，虽然简单但足以
给人耳目一新的感觉。

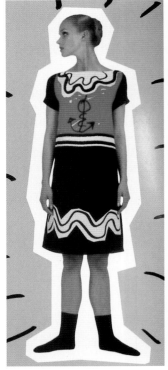

不同比例的分割线的运用是该系列
设计的关键，艳丽的线条与大面积
单调沉闷的灰色形成强烈的对比，
如同耀眼的珠宝般光彩夺目。

奥图扎拉 2014 秋冬

（1）腰带的大小

灵感来自日本武士的腰带，宽大坚硬，加强了女孩勇敢有力的感觉（见左上图）。

纤细的腰带，轻柔的线条，一方面，衬托出模特修长的身材，另一方面，为简单的设计增加一丝微妙的变化，起到画龙点睛的作用（见右上图）。

马克·雅可布
（Marc Jacobs）2014 秋冬

卡尔文·克莱恩
（Calvin Klein）2014 早春

（2）腰线的位置

低腰裤拉长上半身的比例，设计师有意打破黄金分割的人体比例和传统女性审美标准，使整个人看上去比实际要矮。松垮的腰部给人感觉好像随时会掉下来，表达其叛乱的主张（见左下图）。

与低腰裤相反，贴身的高腰裤使下半身看上去更加修长。设计师继承了伊夫·圣·洛朗烟装的英姿潇洒感觉（见右下图）。

渡边淳弥（Junya
Watanabe）2013 秋冬

斯特拉·麦卡特尼
2014 春夏

5.3 设计心得与提示

5.3.1 直觉与推理

任何设计师都是凭直觉完善各种比例关系。他们在脑海里不断移动元素或改变设计的相关尺寸，力图找到这些元素之间的最佳间隔以及它们宽度和高度的最佳契合点。

我们了解各种数理形式如黄金分割、日本比例，列昂纳多·斐波那契等，其目的是帮助我们去理解、分析或者修改设计作品。如果直接应用这些数学公式去推算各个比例大小，则会陷入僵硬的构图逻辑中——或者更糟糕的是各个部位之间形成松散和呆板的关系。

5.3.2 稳定与变化

从前面的例子我们可以看出，在服装比例调整的三种关系中，服装与人体的关系最为重要，因为它直接表达设计师的基本理念和概念。因此，它的比例也是相对稳定，不容易受到流行和季节的影响（如前面我们分析的 Herve Leger by Max Azria 的作品中，胸、腰和臀的比例），以便保证该品牌的识别度。但这也只是相对而言，不可一概而论，这里还可能受到品牌形象设计的不同策略，设计的重点以及设计师的变更等因素的影响。例如，像玛丽·卡特兰佐其设计特点是别具一格的印花图案，其服装与人体的比例，如长短或宽窄等，常常根据图案的需要来决定。

玛丽·卡特兰佐 2011 春夏　　　　玛丽·卡特兰佐 2011 秋冬　　　　玛丽·卡特兰佐 2014 春夏

5.4 延伸性阅读

5.4.1 不同的比例，不同的世界

亨利·摩尔（Henry Moore）和贾科梅蒂（Giacometti）是两位同时代的雕塑家，他们同样以身体为表现对象，探索人的内心世界。虽然他们表达的观点和表现的方式不一样，但是从它们的作品中，可以看出比例的处理在造型中的重要性。通过以下的分析，我们将发现他们如何通过改变人体的比例，即丰盈和纤细这两种基本的人物形态特征，表达他们各自对生命的独特体验。

贾科梅蒂（1901~1966），瑞士超存在主义雕塑大师，画家

亨利·摩尔（1989~1986），著名雕刻家、石雕艺术家、雕塑家、美术家

从 1929 ~ 1959 年，摩尔创作了为数众多的"斜倚石雕像"。早在古希腊时代，屈膝斜躺的人像这种造型，就频繁地出现在造型艺术中。摩尔的"斜倚像系列"正是这一造型母题在内代雕刻中的延续。雕塑作品屈膝斜躺的姿势，颇像一个高雅的妇人。但它的样子却是原始的，好像经过了几千年岁月的侵蚀。

《行走的人》是他的代表作品，这个 1.83 米高的青铜像描刻了一个细瘦的男人跨着步子往前走，右脚前伸，昂着脑袋，双臂下垂（见左上图）。这一形象形成于第二次世界大战之后。他自己曾表示是因为受够了躲避战火时人与人的拥挤，有评论家认为这种火柴般的造型象征了被战火烧焦的人。学者威廉·巴雷特（William Barrett）则认为这种单薄的形象反映了存在主义所描绘的空虚缺乏意义的现代生活以及孤绝的心理状态。

亨利·摩尔用短壮、粗大、结实的体块强调生命的内在力量和精神活力，向我们昭示崇拜原始生命，回归自然的理想，摩尔的雕饰中对孔洞的运用使母爱、亲情等人伦之爱充满了力量和灵性，外在形式为空的"孔洞"在人们的视觉力里不再是实体的附属物，而具有了独立的意义。而贾科梅蒂形销骨立的"被删减的人"，细长、纤弱、僵直的轮廓恰恰表明人在现实中的孤苦无援、不堪一击。

从技术层面上看，摩尔的"孔洞"作为虚空间与实体形成一种张力，从而凸显出生命本身的原始意义，贾科梅蒂的"被修剪去多余脂肪的人"作为实体与他之外的虚空间形成一种对抗，将人的脆弱和悲剧性表露无遗。一个强调空间的扩张，一个强调空间的收缩，却有异曲同工之妙。从精神层面而言，两位雕塑大师都用不同的技术处理表达了他们对现实的忧虑和对人的深切关怀。

5.5 课题训练

5.5.1 外部造型自由拓展训练

训练 1

选择 3 个基本造型 A、B、C 做单项拓展。

训练 2

通过改变大小、比例、排列方式，设计新的外部形态。

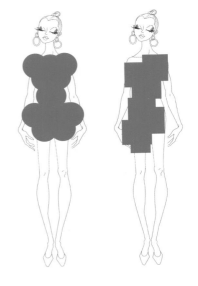

（1）工具和材料

①印有人体模特的 A4 纸张。

②拼贴材料：有色纸或布。

③剪刀、胶水。

（2）步骤和要求

①每组练习不少于 5 个。

②同组中的每个造型必须有变化，但不能改变其基本形态。

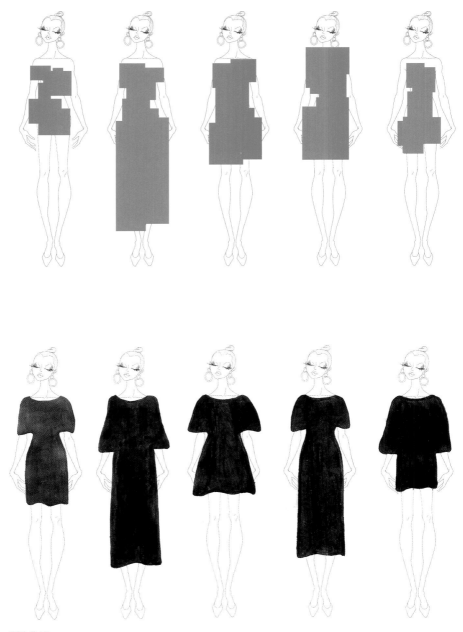

学生作品

5.5.2 内部造型自由拓展训练

训练 1
选择 3 个基本造型 A、B、C 做单项拓展。

训练 2
通过改变位置、大小、比例、排列方式，设计新的造型形态。

（1）工具和材料

①印有人体模特的 A4 纸张。
②拼贴材料：有色纸或布。
③剪刀、胶水。

（2）步骤和要求

①每组练习不少于 5 个。
②除了改变构成方式，也可以适当添加新的造型元素。
③同组中的每个造型必须有变化，不能有重复感，但要保证造型
　之间的联系。

外形可以根据操作的便利和个人的喜好来定，既可以在制作过程中自然产生，也可以先确定好大致的外形，再进行内部结构设计。

学生作品

学生作品

任何事物的平衡取决于量的对比，近似者以稳定取得平衡，反之则倾斜，失衡。

　　　　　　　　　　　　　　　　——《绘画艺术形式》李松石

平衡

6

学习目的

/ 认识平衡的不同形态特征
/ 理解平衡与服装主题的关系
/ 能根据主题需要选择和应用合适的平衡形式

学习方法

/ 体验：发现或搜集形态优美的事物或作品
/ 研究：分析作品中平衡形态的作用
/ 练习：运用不同的平衡形态做系列造型实验
/ 讨论：与其他同学分享实验过程和结果

学习内容

/ 平衡的基本概念
/ 平衡与服装设计的关系
/ 构成形式分析
/ 设计心得与提示
/ 延伸性阅读
/ 课题训练

平衡是指通过构图要素的安排达到视觉上的动态和静态的稳定感。它有对称与不对称两种构成方式

6.1 平衡与服装设计

服装设计中的平衡感与设计师的审美趣味密切相关，有的设计师喜欢对称的安静和秩序感，例如，蕾丝女神庄司正（Tadashi Shoji）（见右下图）和后面我们将分析的比利时设计师艾里斯·范·荷本（Iris Van Khan），有的设计师则偏爱形式感自由的不对称平衡。还有一些比较另类的设计师为了表达某些概念，故意制造一种不稳定，甚至有些失衡的视觉体验，这类设计我们将在延伸阅读中单独介绍。

优雅的曲线反复交叠应用，形成动感的平衡。

庄司正 2014 秋冬

6.1.1 对称平衡
——同样的形状和空间，相对于一个公共轴或中心点对等分布。

对称具有很强的整体感和秩序感，通常，一些大型的建筑群会采用这种结构，一方面，它可以突出其宏大的气势，另一方面，它可以体现出清晰的层级关系（如下图的凡尔赛宫和紫禁城）。因为这种平衡形式是等量等形——对称轴两边的造型完全相同，所以它的平衡感比较容易控制，但是这并不意味着这种造型就比较容易。相反，左右相同的结构形式在视觉上也容易给人单调、呆板的印象。因此，好的设计作品常常通过增加变化的方式来获得视觉上的丰富或新鲜感。本文将这些变化归纳为 3 种类型：有序的层次、无序的细微变化、局部细节的变化。

（1）层次变化

在对称结构中，增加层次变化不仅可以让视觉体验更加丰富，还可以强化其秩序感。如下图中艾里斯·范·荷本的设计，复杂的层次关系和细节变化，控制在井然有序的节奏中。

凡尔赛宫

艾里斯·范·荷本 2014 秋冬

紫禁城

（2）细微变化

自然界的很多有机形体在形式上是对称的，但是它们看起来仍然很生动。这是因为它们整体上虽然是对称的，左右两边并不是完全相同，仍然会有细微的差异（见左图）。这种细微的变化增加了视觉体验的生动性。它与增加层次变化所获得的秩序感正好相反。

对称是构成生命多样性和运动的构架。

——麦琪·麦克纳布（Maggie Macnab）

麦克·奎恩 2009 秋冬

麦克·奎恩 2008 秋冬

波纹和花朵造型中的细微变化，使对称结构的造型变得生动自然。

（3）局部不对称变化

在保持整体对称结构的前提下，改变对称结构
中的某个局部，使其与整体对称结构形成对比，
也会改变对称结构的单调感觉。这种变化，虽
然面积不大，但是因为会与整体产生对比，而
常常形成视觉的焦点。

黄和绿两种颜色的花枝与
桌子上左右两边物件的色
彩分别相互呼应。左右两
边的差异，所占面积不大，
但活泼有趣。

6.1.2 不对称平衡
——不同数量和特征的元素在平衡点两边达到
视觉上的平衡

对造型而言，不对称平衡空间上的限制较少，
设计比较自由，更容易制造出新颖别致的感觉。
通过元素的对比（如面积、形状或色彩上的差
异），可以很好地突出设计重点。不对称的结构
可以分为两类：有对称轴和无对称轴。如下面
的两幅图，左边作品有明显的对称轴，右边的
则没有对称轴。

大卫·亨格利

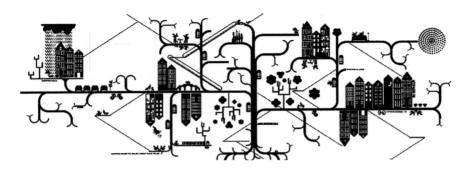

在服装设计中，有很多非对称服装左右两侧的形状不相同，而且材质、色彩也不相同。这时通过不同形状的呼应，不同材质的增减等在视觉上形成一种等量的感觉，就会使本来不对称的造型取得形式上的均衡。

殷亦晴 2014 春夏　　　　范思哲 2015

虽然这两件的设计都采用对称轴的不对称形式，但在处理左右两边的关系上，采用完全不同的手法。殷亦晴的设计中左右两边有对比也有协调，如裙摆和腰线的处理，所以作品带有东方审美的意味。但范思哲的设计则更强调左右两边的对比和差异，给人直接和强硬的感觉。

6.2 构成形式分析

在具体的服装设计中，平衡感的表达形式更加微妙和多样化。对于每件单品设计而言，需要根据其特定的表现手法来理解整体的设计。

詹巴迪斯塔·瓦利 2015 春夏

水平线和垂直线的造型的变化和巧妙对比使服装的对称结构变得生动有趣。

白色的图形非常的巧妙，它本来是空的，但是又能将你的眼睛牢牢地吸引住，并对身材产生错觉，这种真实的和感觉上的对比，引起人们视觉上和心理上对黑白区域的冲突，即正、负形的反转，而形成视觉上的趣味性。对称形式突出了其设计的特点，加深对整体的印象。

纳西索·罗德里格斯
（Narciso Rodriguez）2013 春夏

将传统图案进行剪切，打破了原图案的对称结构，通过正、负空间的对比获得动态的平衡。

麦克·奎恩 2009 春夏

对光混图案的特殊处理，突出了肩部和腰部的造型，起到修饰女性身材的作用。对称结构增加了视觉上的韵律感，形成由中间向外不断扩散的动感。

詹巴迪斯塔·瓦利 2015 春夏

造型简洁优雅的剪影与枝繁叶茂的花朵构成上紧下松的形式感，一方面，增加了视觉上的层次感，另一方面，不同方向的两片叶子，向各自的方向伸展，形成生机益然的动态平衡。

腰部略带倾斜的直线与另两组斜线构成视觉上力量的平衡，动感十足。

通过下面的图示比较，可以发现如果将腰线改为常规的水平线，就会感觉原来水平的腰线向右下方沉。

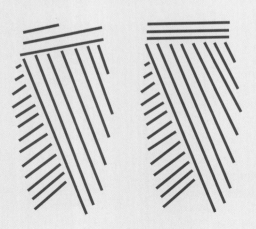

斯特拉·麦卡特尼 2012 春夏　　巴黎世家 2010 春夏

左图两款设计都是典型的不对称平衡，在对比中，一方占有明显的主导地位，并借此获得整体上的平衡。

单肩设计打破了服装的对称结构，所以容易给人别致的感觉。右边至底边的装饰线条流畅和生动，与左边的线条形成对比。形态更加鲜明，面积和不对称的底边设计与肩部相呼应获得视觉平衡。

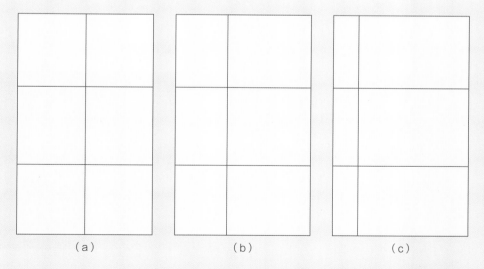

（a）　　　　　　　　　（b）　　　　　　　　　（c）

上图是一个著名的视觉试验，通过比较我们发现图（a）和图（c）中间的垂直分割线都是稳定的，但是图（b）的垂直分割线却给人感觉极不稳定。

范思哲 2015 早春

不同块面的分割，打破了对称的结构。左上与右下的线条相互呼应，变化而统一，由此构成整体上的视觉平衡。镂空的曲线和垂直的裙形，塑造出性感而又内心坚定的女性形象。

巴黎世家 2011 秋冬

李奥纳德（Leonard）
2014 春夏

倾斜的裙线打破了常规的对称用法，自由而灵活，并富有动感。它与不对称的领口和裙摆设计相呼应，使内部的分割线和外部的轮廓线得到和谐统一，形成动感的平衡。

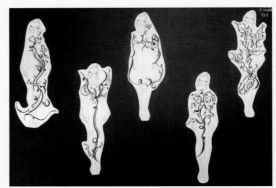

比比看，上面的这两组设计有哪些微妙不同？
你觉得哪个设计更生动些呢？

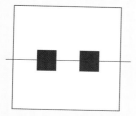

（同质同形）

典型的对称结构，如果造型普通，
则容易给人单调的感觉。

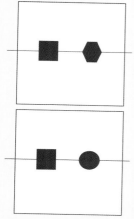

（同质异形）

不同无机图形，具有相同的属性。六
边形比圆形更容易与方形协调。圆形
与方形的对比更强烈，更容易突出各
自的特征。

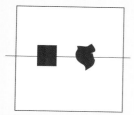

（异质异形）

不同属性的有机图形与无机图形非
常不容易协调。如果一定要用，可
以通过不同比例分配，即选择其中
一个占主导来控制整体。

6.3 设计心得与提示

6.3.1 平衡与协调

在设计上，对称结构平衡点两边的造型相同，所以
比较好控制，但容易给人单调的视觉体验。不对称
结构平衡点两边的造型不相同，设计比较自由。但
这种结构容易出现不协调和不平衡等问题（见下
图）。因此，在设计时，我们应特别注意结构上的
视觉特征：

如果是对称结构，应注意如何增加视觉上的趣味和
变化。

如果是不对称结构，则应注意保持不同元素之间的
协调性和对比例的控制。

詹巴迪斯塔·瓦利
2015 春夏

巴黎世家 2011 秋冬

* 不平衡

虽然左边有小块的黑色，
试图起到平衡的作用，
但是仍然感觉右边偏重。
另外，块面分割显得呆
滞和生硬。

* 不协调：

上衣的左右两边的造型
之间完全没有联系，袖
子和领口都是曲线，右
边则都是斜线，左边和
右边的材质和颜色变化
有些拼凑的牵强。

6.4 延伸性阅读

6.4.1 失衡与混乱

通常人们总喜欢稳定和平衡，因为平衡带有安逸、舒服的感觉，可是这仅仅是一个方面。另一方面，婴儿在摇篮里就开始受到这种来回倾斜的锻炼，长成少年时就去荡秋千，荡得高高的既惊又喜，再长大些就开始玩滑板，竟然逆向地向着台阶跳跃，继而远去探险、漂流，这当然是在找刺激。视觉上的失衡正是可以满足人们的这种需要。从某种意义上说，不和谐比和谐更能引起人们视觉兴趣，尤其是对那些需要产生足够的张力而获得视觉观照类型的设计。

2013 年 NADA 迈阿密海滩艺博会预览

佛洛里安（Florian Baudrexel）
汉堡艺术协会 2012

Michael

迈克尔（Michael）的作品"爆炸的视觉"（右图）意味着对我们结构良好的世界的摧毁。主要的灵感来自解构主义建筑师利布斯·伍兹（Lebbeus Woods）和艺术家佛洛里安（Florian Baudrexel）。

该设计目的是针对大批量生产的街头和牛仔系列，显示新的方向，强调产品的个性化和唯一性。具体方法是选择一些非常典型的服装，如军用的风雨衣、礼服、夹克等，通过抽象、拆解，然后重新组合或者改变这些服装上的某些元素，使它们变得有趣的同时具有可穿性。

还有一些著名的设计师，例如，川久保玲，她的作品折射着日本的"禅寂"思想，即在有残缺、短暂易逝、不完整的事物中发现美，主张不对称、不协调。正如她所说的"完美的对称是丑陋的，我就是要破坏对称"。她借由女性主义质疑理想美，并改变了时装美的定义。事实上，她是通过对服装造型的破坏，解构人们意识里对服装的审美观念，也就是打破公认的女性美的形象，如优雅、性感、柔和、甜美等。虽然她所定义的这种"美"的形式与常规的或我们长期认可的"美"的形式并不相同。但其造型的规则仍然符合视觉认知的原则。我们看到的并不是我们可以接受或认同的"美"的形式，但这种形式正是她意识里想表达的"美"。

川久保玲 1997

川久保玲的 1997 春夏系列，是时装史上最常引用的作品。川久保玲彻底改变了服装的形态，她在服装的臀部、颈部以及胸部都设计了不对称的肿胀填充物。这个系列被命名为"磕磕碰碰"，实践了"服装邂逅身体，身体邂逅服装，它们合二为一"的设计概念。

川久保玲在解释这个系列时说："更进一步寻找新观念的时候，我意识到服装可以成为身体，而身体也可以成为服装。这是'新衣'的解决方案，我开始着手设计'身体'。我不认为这些衣服可以成为日常服装，但川久保玲对时装界而言就是应该永远新鲜。服装所能引起的刺激事件比以穿着为终极目的要重要的多"。

6.5 课题训练

6.5.1 外部平衡造型拓展训练

（1）工具和材料

①印有人体模特的 A4 纸张。
②拼贴材料：有色纸或布。
③剪刀、胶水。

（2）步骤和要求

①选择两个基本造型 A、B 或基本元素。
②通过改变位置，大小、比例、排列方式，设计新的外部形态。
③要求每个基本造型各拓展出对称和不对称两组造型。
④在不改变其基本造型元素的情况下，要求每个造型独特。
⑤每组造型不少于 5 个。

（3）对称

（4）不对称

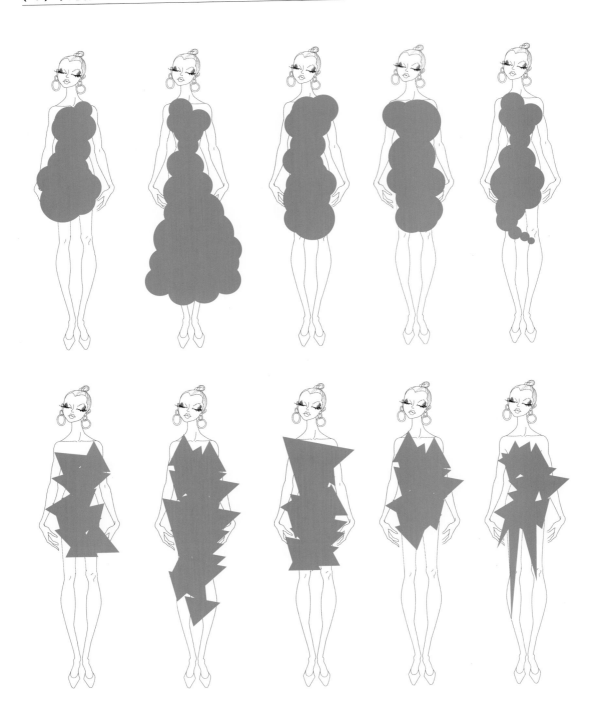

6.5.2 内部平衡造型拓展训练

（1）工具和材料

①印有人体模特的 A4 纸张。
②拼贴材料：有色纸或布。
③剪刀、胶水。

（2）步骤和要求

①选择两个基本造型 A、B 或者基本元素。
②通过改变位置、大小、比例、排列方式，设计新的内部形态。
③要求每个基本造型各拓展出对称和不对称两组造型。
④在不改变其基本造型元素的情况下，要求每个造型独特。
⑤每组造型不少于 5 个。

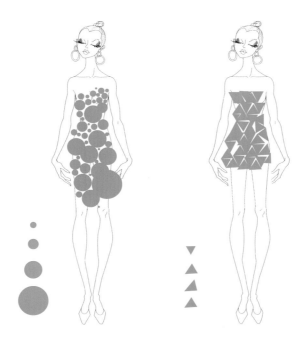

（3）对称

（4）不对称

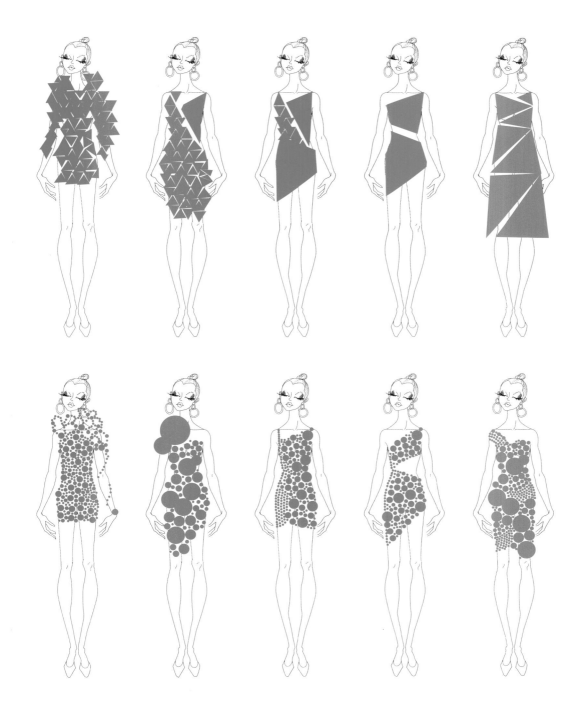

德赖斯·范诺顿 2014 秋冬

形式节奏有赖于生命节奏的存在

自然生态中的各种节奏，是产生节奏感的源头。人的心跳和呼吸，运动时的两腿交替迈步，都是生命节奏的体现。节奏与人的行为、情绪、环境的变化密切相关，它的快慢、缓急、起伏变化不但受运动状态的影响，也同人的情感直接相关。这个特点决定了我们对节奏的感知是相似的，我们既能感知音乐传递的欢乐，也能感知其内心的宁静。这种对节奏的感知能力能够帮助我们把握设计的大致方向，通过不同的节奏形式表达我们的情感。

节奏

7

学习目的

/ 理解不同节奏与服装主题的关系
/ 能运用相关概念对设计作品进行分析
/ 培养节奏感的视觉表达能力

学习方法

/ 体验：搜集形态优美的事物或作品
/ 研究：分析该节奏的特点和构成方式
/ 实践：尝试将听觉的感知转化为视觉表现形式
/ 讨论：与其他同学分享实验过程和结果

学习内容

/ 节奏的基本概念
/ 节奏的视觉化
/ 节奏与服装设计的关系
/ 构成形式分析
/ 设计心得与提示
/ 延伸性阅读
/ 课题训练

节奏、韵律本是音乐的术语，是指音乐中音的连续，音与音之间的高低以及间隔长短在连续奏鸣下反映出的感受

对视觉艺术而言，节奏也可以通过一种交替变化的要素的反复出现来建立，它的主要作用是帮助观者的眼睛在画面上移动。重复和变化就像音乐里优美的和弦和自由的变奏一样，唤醒了图像的生命感。

7.1 节奏与服装设计

在服装设计中，节奏感可以通过图案、面料、结构、工艺细节等多种不同的方式来实现。这些方式好像是不同的乐器所能表达的不同节奏一样，每个品牌或设计师都有自己偏爱的节奏形式。如三宅一生标志性褶皱所形成的节奏感，总是给人留下深刻印象。

三宅一生 132.5

132.5，数字后面的特殊意义：
"1"指的是一块单布。
"3"是指其 3D 立体形状。
"2"指的 3D 的机构能折叠成二维的形式。
"5"则是从折叠形式的创造，到服装诞生的时间，此外此数字还包含着团队对这个创意能有更多的延展的期冀。

曾荣获 2012 伦敦年度设计大奖的三宅一生 132.5 系列，由褶痕所产生的节奏美感应该是最具有先锋精神的设计作品。

它的每件单品都可折叠成一个正方形。当一个人抓住了顶部和方形的折叠向上拉，一个立体形状显示出来。而衣服的结构美，则由所有的褶皱、几何形状来体现，十分具有现代感。而所有的衣服脱下以后，由于重心的作用都会返回扁平的二维形状。不同的裁剪和折叠的方式都会诞生不同的服装，实验性十足。这是一次融合折叠数字技术和艺术的服装实验，折叠时的美丽规则图案，展开后如孔雀开屏的婉约立体感，呆板的数学幻化成 T 台瑰丽的服装。

7.1.1 音乐节奏的视觉化

节奏感的本质是有秩序的重复，这种规律给人一种可预期的审美感受，就像音乐的节拍那样适宜。音乐作为节奏体现最明显的艺术形式，与其他的艺术表现形式相比是最直接，也是最具穿透力的一种。因此，可以通过音乐来理解节奏，在欣赏音乐的过程中，我们可以发现节奏构成的两个重要因素：

音调的高低——节奏的轻重

节拍的快慢——节奏的缓急

视觉艺术不能直接体现节奏在时间上的连续，只能间接表现节奏感，平面形式的节奏感是通过形式因素的有序重复和排列得以实现的。

音乐节奏——音调高低，节拍快慢

视觉节奏——元素的变化，元素的频率

因此，节奏感的视觉表达可以理解为：

音调高低——造型的变化——**重复的方式**

节拍快慢——元素的频率——**重复的次数**

我们可以进一步将**重复的方式**具体化：

元素变化——大小、形状、色彩

结构变化——排列规则、排列不规则、渐变

图 1

图 2

这是同一系列中的两份海报，作品的整体感由字母和水平的排列方式形成。相对而言，图 1 在视觉上给人感觉更活泼、生动。因为虽然两个作品都采用水平的排列形式，但是它的色彩应用和排列都比图 2 更富有变化。

* 图 1
字母在色彩上采用左、右两组补色，冷暖交替，虽然只用了 4 种色相，但红、黄、蓝、绿，正好构成色相环上 360° 符合正常的色彩需要，因此色彩上能给人一种愉悦感。另外，字母的排列呈不规则块状，因此负空间的形状变化丰富，上下的留白和中部空间形成对比，疏密有致，并带有流动感。

* 图 2
在色彩和排列方面的处理则要简单许多。色彩上，红色和蓝色的对比显得有些强硬，但是蓝色的字母在这样的底色上也的确突出，尤其是在白色水平细线的衬托下。相信每个人只要看过一眼，就会对中下方的蓝色信息留下非常深刻的印象。

（1）重复的方式

重复的方式，即重复变化的方式。它包括两个方面，即元素的变化和结构的变化。这种重复性的变化如同音调里的抑扬顿挫，赋予画面节奏的活力和动感。在一定的秩序下，差异越大，形式感会更活泼生动。

三宅一生 2014 秋冬

褶皱所产生的节奏感：
从左到右，褶所产生的线条越明
显，其节奏感就越强。

结构变化的形式有 3 种：有规律的重复、无规律的重复和等级性的重复。这 3 种韵律的旋律和节奏不同，在视觉感受上也各有特点。

＊规则的重复
因为其排列的一致性，其形式感更明确，有干脆和肯定的感觉。

＊不规则的重复
相对而言，容易制造一种生动、散漫自由的气氛。

德赖斯·范诺顿 2012 秋冬

（2）重复的次数

节奏的类型主要依赖于水平线、垂直线与斜线之间的关系，包括规则与不规则之间的对抗，或者引导眼睛运动的视觉单位之间流畅或快速的转换。

在构成元素和排列方式相同的情况下，节奏感的强弱和元素重复的次数成正比，也就是说元素重复的次数越多，节奏感越强。例如，这组蒙德里安（Piet Comelies Mondrian）的作品，从左到右，作品的节奏感，随着作品中的构成元素重复次数依次增加而加强，画面的感觉由安静慢慢变得紧张。

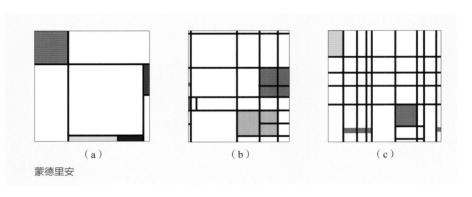

（a）　　　　　　　　（b）　　　　　　　　（c）

蒙德里安

元素的空间不同可影响到感知的韵律，还可能因此产生发展、次序、重复或规律等含义。元素间隔的韵律变化可产生定向运动，变化越复杂，元素之间的比例变化越大，那么韵律和运动也会越复杂（见图3）。

图1　　　　　　　　图2　　　　　　　　图3

图1~图3中3组不同的节奏来看，我们可以发现：
图1. 视觉上最为简洁，明确而坚定。
图2. 有粗细变化，细线具有凹陷的感觉，故具有层次变化，形成一定的空间感，视觉上比图1要丰富，但还是呈现静态的节奏。
图3. 除了粗细变化外，还有疏密的间距变化，相对图1、图2更倾向动感。

把线条分开，可引起观众对个别线条的注意。还可引起观众对线条之间的间隔以及可能有的任何变化的关注。

宝缇嘉（Bottege Veneta）
2013 春夏

7.1.2 构成形式分析

如同音乐一样，每个作品都因自己的节奏而存在，节奏的形成和感知非常微妙和复杂，所以对于设计师而言，没有固定的公式和规则可遵循。但是，通过对其表现形式的观察和分析，可以帮助我们更好地理解和掌握节奏在服装设计中的作用。

（1）单一结构形式

*元素
大小相近，形状相似的同色花朵绣片，深色的点状花蕊，增加了层次感，精致而生动。

*排列
点状的花蕊，通过在某些部位增加其排列的密度加强了垂直的方向感，它与不规则的垂直线间距一样，赋予人们轻松和自由的感觉，避免了单一的重复带来的单调和拘谨的感觉。

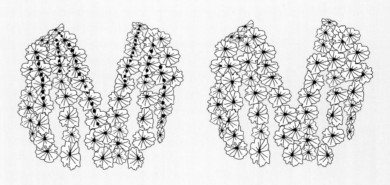

通过上面两组图的比较可以发现：
左图局部增加点的排列密度，即避免了单调和生硬，又增加了视觉的层次感
右图花朵的排列，从肩部向下，由密到疏，与点的方向和排列方式相互协调。

德赖斯·范诺顿
2014 秋冬（1）

*元素
短的直线和潜在的曲线。

*排列
色块的交替和错位排列，
在视觉上形成曲线分割
的错觉，与右图的曲线
相呼应。

*视觉体验
如同跳动的色块，轻松
明快。

德赖斯·范诺顿
2014 秋冬（2）

*元素
粗壮流畅的曲线，橙色
和很深的蓝紫色。

*排列
规则的交替重复排列。

*视觉体验
流动有力的韵律感。

宽松的廓型和简洁的裁剪方式，使图案得以很好呈现。
并将两种不同感觉的图案统一在同一系列中。

引入口 1964

舞王像 1993

布里奇特.赖利（Bridget Riley）的作品，
正是德赖斯·范诺顿 2014 年秋冬时装秀的
灵感来源。

* 光、色、线、形的特殊排列，流动与韵
律的结合，是赖利的作品所表现出来的外
在的形式美和内在的意境美。

* 作品在形式上，表现出的是"视觉律动"
的效果，在内涵上，则是"心灵律动"的
意境，最终给我们一种"超以象外"的视
觉享受。

* 大量有一定规律排列而成的波纹或几何
形画面造成运动感和闪烁感，使视神经在
与画面图形的接触中产生光效应现象与视
觉魔术的效果。

下面几款设计中，元素重复形式均采用渐变的方式，元素间带有一定方向性的缓慢变化，容易给人舒适的视觉体验。

荷芙·妮格 2011 春夏

庄司正 2014 早春

米索尼 2014 秋冬

* 元素
水平和垂直线条。

* 重复
两组线条，分别按水平和垂直的方向规则重复。

* 变化
纵横交错排列，随着人体曲线线条呈现疏密不同的缓慢变化。

* 视觉体验
自然优雅。

* 元素
水平带状的墨绿色蕾丝，条状黑色的雪纺起到分割的作用。

* 重复
规则的水平重复排列。

* 变化
由上而下依次递增，逐渐加宽。

* 视觉体验
优雅而精致。

* 元素
浅灰色的曲线。

* 重复
规则的平行排列。

* 变化
随着黑色向浅灰色的过渡，曲线由上至下逐渐消失，最后与底色融为一体。

* 视觉体验
流畅优雅的线条，韵律感。

（2）复杂结构形式

我们从声音中熟悉节奏。在音乐中基本调式会随着时间而改变。多重调式在乐曲中同时出现，相辅相成，混音则会将不同的声音调高或降低，以在整首乐曲中营造出转变和展开的节奏。

服装设计师则从视觉上营造出类似的节奏，如左下图运用了两组不同的节奏，一个是上装，透明和不透明的块面彼此交替，形成深浅不一的灰色层次；一个是下装，特殊处理的皮革排列整齐且紧密，带有立体感和活力。这两组节奏通过中间的横向块面和黑色块面的穿插而联合起来，形成整体。

德赖斯·范诺顿也应用了上下两种不同的节奏，上装设计，块面排列规则且重复次数较多，因此节奏感较强。下装设计，块面没有规则，重复次数少，节奏感较弱，两种结构通过色彩方式形成对比而有联系的整体。

巴黎世家 2010 春夏　　德赖斯·范诺顿 2012 秋冬

德赖斯·范诺顿 2014 秋冬

*元素
曲线条纹，色块。

*重复
规则的平行排列。

*变化
线条宽窄的对比，局部和整体线条方向的对比。

*技巧
两组不同节奏的条纹形成明确的对比关系，条纹的不同宽度是设计的关键。

三宅一生 2013 春夏

*元素
直线条纹，色块。

*重复
规则的平行排列。

*变化
线条方向和宽窄的对比。

*技巧
分散的色块，弱化和调和两组不同节奏条纹的对比，增加了层次感，视觉上丰富而活泼。

7.2 设计心得与提示

7.2.1 节奏感与构成元素

虽然节奏感研究的是元素之间的关系，如元素重复的频率、元素之间的差异等。但是这并不意味着，元素的选择与节奏感的形成没有关系。每个元素都有自己独特的个性，所以选择不同的元素就会产生不同的结果。例如"钟声"和"鼓声"这两种声音，一个音钝而厚实，一个音沉而悠远。因此，"钟声"无论如何也不可能像"鼓声"那样振奋激扬，"鼓声"也不可能像"钟声"那样悠远绵长，扣人心弦。这就需要我们在设计节奏感的时候，要特别注意元素本身的视觉特征。例如，下图中流苏的设计，有的精致，有的粗糙，有的随意，每种材质都传达出截然不同的意味。

7.2.2 重复与变化

重复是节奏感产生的必要条件，而且它可以起到统一和调和的作用，例如，前面我们分析那些作品，通过对某个和多个元素的重复达到整体的效果。因此重复是设计中非常重要的构成手段。

但是，毫无变化的重复则会让人感到乏味和无趣，这也是初学者设计中很容易出现的问题。如何在保持统一和整体的条件下，处理好变化与重复的关系，这就需要我们好好地学习和体会。

缪缪（Miu Miu）2014 春夏　　　渡边淳弥 2014 春夏　　　罗达特（Rodarte）2014 春夏

7.3 延伸性阅读

7.3.1 节奏与韵律

在节奏感上加以动态变化，就是韵律感。这是秩序感和动感结合，是一种有规律的动态变化。如果说节奏感表现了静态之美，那么，韵律感表现的就是动态之美，它体现了生命动态的节律。相对于节奏而言，韵律具有一定的随机性，体现自由运转的内在规律，有时像行云流水的纹理，有时像火苗摇曳生姿。它有动态，有趋向，有节奏，而且大多呈现曲线运动的变化，这些特点构成了韵律感的基本形态特征。

布里奇特·赖利

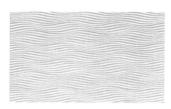

一个夏日布里奇特·赖利

赖利的作品处处传达着一种律动的美感，曲线形态的变化和色彩的渐变成为赖利作品中特定的视觉语言。无论向边缘还是向内部，都体现了律动的视错觉效果。

在服装上，纽扣排列、波形褶边、烫褶、缝褶、线穗、扇贝形刺绣花边等造型技巧的重复都会表现出重复旋律，重复的单元元素越多，旋律感越强。

当人体行动时，服装会离开人体，表现在宽松肥大的服装上尤为明显，衣服的自然皱褶和裙摆的自然摆动就会产生流动旋律。材质较轻时，旋律感会更为明显。许多服装上的叠领、褶边等也是运用这种流动旋律的随意效果。

7.4 课题训练

7.4.1 感知基础能力训练

聆听一段不同节奏的音乐，根据自己的体验和感受，用平面构成的点、线、面基本元素，表达自己的体会。

（1）步骤

①听音乐——写出感受或体验——从总体中挑出 1 个体会最强烈的形容词——想象什么样的画面能够给你这些感觉——提炼视觉元素——绘图——图解。

②"震颤"：让人从心理上产生那种震动、颤抖的感觉。于是选择描绘心电图或地动仪记录的图形来描述此含义，图中画了折线形，令人产生颤动的感觉。

③"平缓"：联想到平缓的沙丘、坡地、大海冲刷的海滩，使人有种平静、舒缓的感觉。选择线条柔和、没有很大起伏的曲线来表示。

（2）要求

①每个构成练习不小于 5cm×5cm，练习不少于 5 个。

②将文字与视觉构成练习排列在 A4 大小的白纸上。

③表现手法不限，可以是手绘或电脑绘制，也可以是肌理，但一定要与你表达的情感相符合。

7.4.2 感知拓展能力训练

聆听一段不同节奏的音乐，根据自己的体验和感受，用平面构成的点、线、面基本元素，创作一组不少于 5 个的系列设计。

（1）步骤

选择喜欢并熟悉的音乐——写出感受或体验——从总体中挑出 1 个体会最强烈的形容词——想象什么样的画面能够给你这些感觉——提炼视觉元素——绘图——图解。

本次练习，我选的音乐是《神秘园》（Secret Garden）的《初雪》。

神秘园，是一支著名的新世纪音乐风格的乐队。由两位才华出众的音乐家组成：罗尔夫·劳弗兰（Rolf Lovland）和菲奥诺拉·莎莉（Fionnuala Sherry）。乐队成立于 1994 年，其音乐融合了爱尔兰空灵缥缈的乐风以及挪威民族音乐和古典音乐，乐曲恬静深远，自然流畅，使人不知不觉便融入其中。

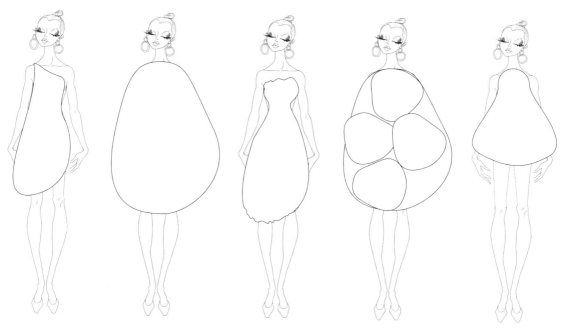

步骤 1

感觉和体验：平缓、舒展、纯净、悠扬。

视觉表现：确定用柔和曲线完成整体的廓型，并尝试做内部的分割，但是觉得分割线不够流畅和悠扬，于是在第 2 步做了修改。

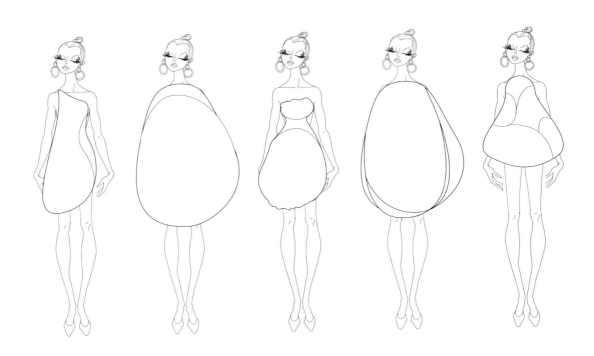

步骤 2

感觉和体验：缓慢的音调变化，反复出现主旋律。

视觉表现：希望分割线应该如同清风吹起的柳枝，或者是舞者的丝带。

步骤 3

感觉和体验：偶尔出现清脆的三角铃或是悠扬长笛，使简单的主旋律生动而富有变化。

视觉表现：六角形的精致小点，逐渐变化，细腻而优雅，增加视觉上的层次感。

以上是创作的步骤和方法。可以根据自己的感觉和喜好进行创作，无论是外部的轮廓线还是内部的细节，只要遵循自己内心的体验和感觉，最终，都能找到合适的表现形式。

设计就是有意识地去发现一种有意义的秩序。

——维克多·巴巴纳克（Victor Pananek）

层次

8

学习目的

/ 认识层次的不同形态特征
/ 理解层次与服装主题的关系
/ 能根据主题需要选择和应用合适的层次形式

学习方法

/ 体验：搜集感兴趣的事物或作品
/ 研究：分析该层次的特点和表现形式
/ 试验：运用不同的层次形态做系列造型实验
/ 讨论：与其他同学分享实验过程和结果

学习内容

/ 层次的基本概念
/ 层次与服装设计的关系
/ 层次构成形式分析
/ 设计心得与提示
/ 延伸性阅读
/ 课题训练

> **层次即"重要性等级"，是指在同一构图或设计中一些元素比另一些元素更重要**
>
> 层次存在于所知的一切事物之中，包括家庭、工作单位、政治和宗教。事实上，作为文化的一个因素，等级秩序确定了人们的身份。它可以通过称谓系统来表示，将军、上校、下士、士兵等。

8.1 层次与服装设计

层次也可以通过视觉的方式来传达，以比例、明度、色彩、空间、位置等的变化来标识。视觉的层次感决定了主题表达的效果。在安排构成元素重要性级别的过程中，**设计师首先要确定的是能明确表达主题或与主题密切相关的元素，并确定它与其他元素之间的关系**。即层次之间的变化是清晰的还是微妙的、不经意的等。因此，层次变化的设计构建了主题意义的生成。

例如，凯瑟琳·哈姆尼特（Katharine Hamnett）用最为直接的文字方式表达了环保的主题，加粗的字母占据最为显眼的位置。让·保罗·高缇耶（Jean Paul Gaultier）的设计中，上衣的结构线通过钮钉的方式加以强化，精心设计出"露"的细节，用工艺细节和着装方式表达了叛逆的主题。约翰·加利亚诺（John Galliano）的色彩与造型让人联想到花朵绽放的季节。他主要通过廓型、材质及印花将女性的身体与花的美好象征融为一体，表现出浪漫唯美并具有戏剧化的风格。这些构建层次的方式，有的直接明确，有的含蓄而微妙。这些不同形式的视觉感知构成人们对作品直接或间接的理解。

凯瑟琳·哈姆尼特
《保护大海》系列泳衣

让·保罗·高缇耶 2013 秋冬

迪奥

任何能唤起兴趣的艺术作品，都必须有视觉中心，即设计的重点。它将通过差异强调不同局部重要性的程度。我们可以通过很多方式来达到这种效果。如下面的两组（外部与内部造型）图示：

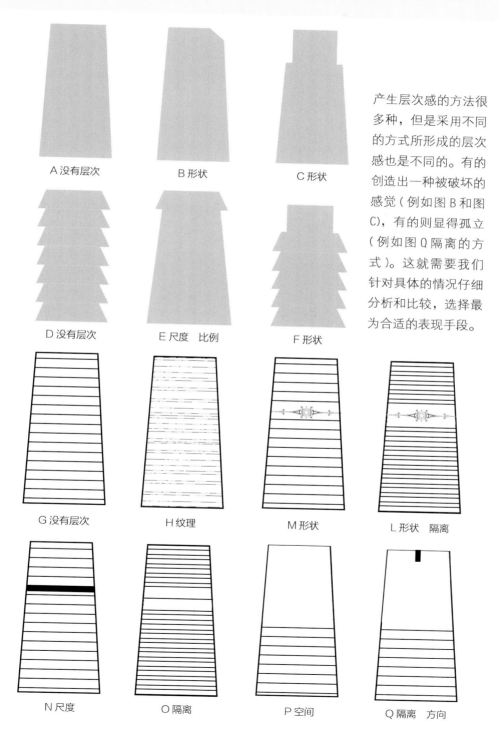

A 没有层次

B 形状

C 形状

产生层次感的方法很多种，但是采用不同的方式所形成的层次感也是不同的。有的创造出一种被破坏的感觉（例如图 B 和图 C），有的则显得孤立（例如图 Q 隔离的方式）。这就需要我们针对具体的情况仔细分析和比较，选择最为合适的表现手段。

D 没有层次

E 尺度　比例

F 形状

G 没有层次

H 纹理

M 形状

L 形状　隔离

N 尺度

O 隔离

P 空间

Q 隔离　方向

8.1.1 对比的强弱和数量

层次变化的目的是要建立起视觉上的秩序感，不同的设计会选择不同的方式来突出重点，而这些方式无疑都建立在一系列的色彩、位置、形状、材质的对比之中。设计中不同对比关系的处理无疑是相当重要的（关于这方面的内容我们将在整体这个章节详述）。本章节将重点关注与层次感相关的两点；即**对比的强弱和数量的关系。**

对比强的设计，层次关系明确，可以给人留下深刻的印象。层次越少，对比越鲜明。对比强，层次多则会给人感觉丰富、饱满。

对比弱的作品，层次关系比较含蓄，给人感觉整体而简洁。例如，右图（巴黎世家）该设计并没有明确的层次关系和视觉焦点，但是其若隐若现的肌理效果，使这条普通的白裙子看起来简洁且耐人寻味。对比弱，层次多则会给人感觉细腻。如图大卫·科马 2014 SS。

巴黎世家 2013 秋冬

大卫·科马（David Koma）2014 春夏

大卫·科马 2014 春夏

黑与白形成强烈的对比，每个块面的造型都坚定清晰。通过比较可以发现，层次越少，对比面积差异越大，对比的效果越强烈，更容易留下深刻的印象。

大卫·科马 2014 春夏

上面的白色裙子，虽然对比较弱，但是因为层次较少，且较为集中，所以也能形成明确的层次关系。
采用的方法不同，层次感也有些区别，最左边的层次关系最为明确，中间的次之，右边的最弱。

另外，对比的强弱与对比的数量之间是相互制约的关系。在一件作品中，如果对比或差异集中、简单，那么只要一点点对比，就很容易形成层次感。如果对比或差异分散，那么就需要加大不同元素的对比，才能达到同样突出的目的。

总之，对比的强弱和对比的数量是体现层次感的关键因素，它们会赋予作品不同的性格特征和精神特质，正是通过这些"不同"，我们才能更好地理解和感知作品的个性和风格。

8.1.2 色彩的作用

色彩的一切特征对层次关系都有明显的影响。因为它们能影响空间深度，从而影响应用了色彩元素的突出程度。色彩具有一种使其脱离背景或与背景融合的可能性，改变感知的顺序。

右图用了同一套色彩，而各个字母每次分配的色彩又不一样，利用字母的字号、字重和明度来定义它们的顺序。这个实验可以证明，色相、明度、冷暖和纯度关系不仅可以改变元素的空间深度，还能迅速地改变感知顺序。

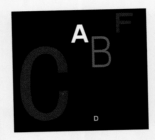
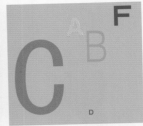

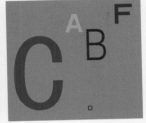

两个极为相似的设计，通过色彩对比的强弱，形成不同的层次关系，产生流畅和生动的系列感。

巴黎世家 2010 春夏

8.2 构成形式分析

层次可以很简单也可以很复杂，可以缜密，也可以松散；可以单调也可以极富变化。层次要能够清楚地区别出一个层面向另一个层面转换的标志。正如音乐中需要有准确表达的音调、音高和旋律变化的能力，这一章主要讨论在服装设计中层次感建立的方式。

下图设计中的视觉秩序：

* 拉链的质地和颜色与面料上的色块和条纹的对比最为突出，成为最先关注的细节。

* 白色和黄色不规则的色块与灰色底纹，在色彩和形态上与拉链和底纹区别，成为中间层。

* 衣片上的竖向条纹和袖片上的斜向条纹的对比最弱，形成视觉上靠后的一个层次。

* 最后，如果不留心可能会忽视衣片上隐藏的细微结构线。

巴黎世家 2010 春夏

巴黎世家 2010 春夏

明亮的黄色同时与冷灰色和卡其色形成对比，在空间上形成
前、中、后（黄色、暖灰色、冷灰色）3 个层次。
上衣局部肌理的变化与平面之间的微妙变化，在视觉上也具有
层次感，但上衣还是由卡其色统一为一个整体。

右图的这一组色彩，感觉清晰、简洁，是因为在层次处理上具有极好的秩序感。

首先，黑色的条纹与整体的粉色调形成强烈对比，所以最为突出。

其次，黑色将整个图案分成上下两个区域，上面的颜色相对于下面的颜色有些后退的感觉，但是由于在面积和位置的优势，平衡了与下面色彩上的空间差异。

最后，通过上下两个区域内部一些微妙的冷暖变化，保持整体上的统一。

从最开始的黑色到最后的那细细的线条，我们视线按照设计师所安排的路径走完了全程。

巴黎世家 2010 秋冬

李奥纳德 2014 春夏

与前面的设计相比，这个设计层次关系就显得特别混乱，设计师无意建立某种视觉的秩序，色彩对比、图案疏密对比、材质对比、位置对比等，所有的对比都特别突出，视线上下不停移动，令人感到疲惫。

在左图的作品里，三宅一生同时运用了几种不同的元素，流畅的自由曲线、色块及填充的条纹。不仅通过交替重复的方式，将这些元素组成统一变化的整体，而且在视觉上形成条理清晰的几个层次，它们依次是黑色的曲线、黄色为主调的色块、蓝线为主调的色块，最后是绿色为主调的色块。

三宅一生2014秋冬

* 元素

黑色自由的曲线起到结构线的作用，支撑整个二维空间。

粗细不一的线条和填充色彩，制造出不同明度关系的块面，使人在视觉上形成远近不同的空间感，明亮的黄色向前，蓝色和绿色则相对退后。

* 排列

纵横交错的曲线将空间分割成大小不同的块面，并将这些块面连成一个整体。不同方向且不同密度的条纹，相互对比，但是通过色彩的交替使用，既和谐，又妙趣横生。

* 形式感

极具装饰味道，轻松明快的韵律感。

三宅一生　2014　秋冬

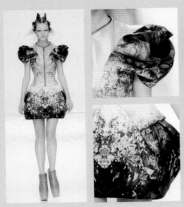

印花图案是这个系列表现主题的主要手段。其实，除了精美的印花外，还有优美的曲线分割和材质的对比。另外，袖子部分的褶皱所产生的造型既别致又整体。

麦克·奎恩 2010 春夏

当位置并不处于优势的时候，同样的褶，可能需要更大的比例才能取得同样的注意力。

海尔姆特·朗 2014 秋冬

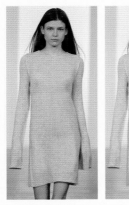

卡尔文·克莱恩 2014 早春

卡尔文·克莱恩的设计一向简洁而不单调，很大程度上应该归功于其对层次的控制。它的层次变化通常少而且微妙，当然这样的设计要求相当的精确。

左图中没有什么实际功能的腰带，我们不会觉得多余，而且，它所带来的灵动和轻巧是让人极为舒适的。虽然这条腰带看上去很简单，但是腰带的粗细、材质，甚至它的用法都让人感觉刚刚好。反之，如果去掉腰带则会显得简陋。

卡尔文·克莱恩 2014 春夏

＊左图
层次感清晰而直接，主要是来自不同透明度的块面的对比，抹胸的块面最为突出，上衣的下摆其次，然后是领部。我们的视线随着设计师的安排而流动，最后留在裙子下部的线条上。

＊右图
层次感较为含蓄，它们分别来自流苏的动态与面料的静态对比、流苏之间水平和垂直不同的方向对比，以及松散流苏的透明感和密实面料的质地对比。这3组对比之间的关系，逐层深入，引导我们的视觉从整体走向各个细节。

8.3 设计心得与提示

对层次感而言，初学者常常会出现下面两个问题：

第一，对视觉秩序上的重要程度与设计上的重要程度的混淆。认为视觉上不重要的部分，设计的时候也可以忽视。这种观点是非常错误的。

层次感，即"重要性的级别"指的是第一个、第二个，还是第三个阅读的对象。为了达到这一目的，有的局部需要强调突出，有的局部则需要弱化。但是，在视觉上不重要的部分或者需要弱化的部分，并不意味着设计的时候就可以不重视或者轻率处理。事实上，对设计者而言，他们必须清楚地意识到，每个局部都是必需的，都有其重要性。因此，对每个局部的处理都应该是相当的重视，无论是需要突出还是需要弱化的地方，都必须谨慎对待。他们必须运用重要程度的变化，使各个局部相互契合，从而形成有机整体。

第二，层次处理上给人感觉单调或者混乱是新手最容易出现的问题。

层次单调，即缺少变化，过于简单。简单与简洁之间虽然只有一字之差，但在设计上却相差甚远。那些看似简单的设计，往往需要更加精准的设计，才能用仅有的元素去表达。

层次混乱，即缺乏重点。在一件衣服上采用多种表现手法，如绣花、拼接、印花等，但没有主次，这样在视觉上就容易产生混乱（当然，有些另类设计师喜欢故意制造视觉上的混乱，去表达某些概念，这又另当别论了）。

这两种问题都需要我们静下心来，对层次关系进行反复调整，增加或减少层次，改变表现层次的方式，加强或减弱对比等。除此之外，我们还可以有针对性地选择相关作品进行研究，分析和记录这些作品处理层次的不同技巧和方式。所有的学习都将增加我们的视觉体验，存在我们的记忆里，让我们的直觉变得更加敏锐。

8.4 延伸性阅读

8.4.1 "陌生化"设计

"陌生化"作为一种创作方法，也被称为"非熟悉化"，是英文"Defamiliariation"的汉译，它的概念是 20 世纪俄国形式主义理论代表——什克洛夫斯基（Viktor shklovsky）所提出的。"陌生化"设计其实应该是"去熟悉化"。它是指改变公认的，理所当然的或者是人们熟知的某些细节或结构。因为这种变化方式，哪怕是很小的改变都会立刻引起人们的极大关注，从而形成视觉上的层次感。这种设计和前面所提到的一些根据视觉原理总结的规则和方法并不相同。前面所介绍的视觉原理是将关注点放在视觉上，即视觉体验如何影响我们的感知，如方形和圆形、直线和曲线分别会给人怎样的感觉。也就是说，利用生活中我们对色彩形状的体验来设计，使人们便于理解。而"陌生化"设计则将关注点放在"心理"上，即如何利用和改变人们心目中元认知，也就是改变熟悉的产品，使它陌生化或并不像人们过去认为的那样。这种方式，能够让我们回到事物的原点，重新思考我们熟悉的服装，如内衣、外套、牛仔服等。

例如，下图中，设计师将中性化的男装细节和明艳性感的女装相结合。面对这些作品，可能会产生以下的疑问：

是风衣还是吊带裙？
是袖子还是装饰？
是用装饰手法表现的西裤？还是用西裤的样式来装饰？
通过这些问题，可能会引发我们对女性服装的功能、作用及着装方式和目的等产生反思。

根据认知心理学理论，所有新的认知都是建立在原认知（已经掌握的认知）的基础上。
第一种认知方式是建立原认知，这需要一个较长的过程，就如同掌握一个新的单词或一个词根。
第二种认知是建立对原认知基础上的认知，它可能是对原认知的拓展，就如同是在原来词根的基础上加了一个词缀。也可能是对原认知的否定，就如同是一个反义词。

马丁·马吉拉（Maison Martin Margiela）2014 SS

普拉达 2014 SS　　　让·保罗·高缇耶　　　王洁摄影

而我们新的认知，是建立在打破原来对女装的认知的基础上而形成的。其实，我们经常所看到的解构设计，其目的是通过解构我们对原认知的方式，来建立新的认知。

普拉达 2014SS 的这件作品也比较有趣，将代表女性性特征的文胸符号化，变成一个巨大装饰。这不由得让人联想到那件著名的麦当娜胸衣，胸部设计极其夸张。这件胸衣在今天看来依然极具张力。这些设计之所以能产生如此的能量，不仅仅是其外形的原因，还因为它改变我们对内衣的认知。

如果前面的设计属于高大上，那么右上图这件简单的女士衬衣，则应该属于小清新了。仅仅改变熟悉的门襟位置，就是其全部的设计。但它的视觉效果同样惊人。 其实，"陌生化"的表现手法并不只适用于 T 台或秀场，它也适用于我们的日常生活。如下图的包装设计，像这类设计往往需要具有更强的洞察力和敏锐的思维力。

这一包装设计课题要求学生为原本的定位以外的受众重新设计一种产品线。这套清洁产品设计重新确定了产品的层次和感觉。想激起年轻的、稳步发展的顾客的兴趣，他们可能会是新的一家之主。品牌的名字很难看到，而令人不愉快的污渍的名称却占据了主要位置。

8.5 课题训练

8.5.1 T 恤设计

* 以简单的白色 T 恤为基础，运用前面学到的知识或从前期的练习中找出一种构成形式对 T 恤进行改造。

* 作业以照片的形式呈现。要求每个人穿上改造后的 T 恤拍照。

8.5.2 课题介绍

虽然大部分的 T 恤给人的印象是普通的和廉价的，但是这并不意味就没有非常出色的设计，下图中这些别致有趣的设计，有的是从文化的角度出发，有的是来自生活细节，都非常成功地通过 T 恤这个载体表现出个人独特的视点。

这个系列无疑是极具趣味的设计，设计师首先将 T 恤图案与商品形象置换，并通过包装这个障眼法的引导，进一步加深我们的误解。当谜底揭开后，相信每个人都会发出会心的笑容。

设计的灵感来自作者对生活细节的
体验和观察，无论是亲密的母子互
动还是方便的笔插，T恤无疑反映
出其巧妙的构思和对生活的热爱。

这是一系列京味十足的设计，设计师是来自国外的
华裔，因为深爱北京的胡同文化而组织在一起，并
以保护北京的地方文化为目的而从事设计。
他们作品中不仅有对北京文化的关注，如《拆》，还
有环境，如《晴空万里》，以及与此相关的人们的生
活习惯，如《爱北京骑自行车》等多个方面。

8.5.3 课题辅导

* 不要仅仅限于平面的图案装饰手法，也可以对外轮廓和内部结构做改造（例如，可以用起褶或收省的形式，改变轮廓。也可以用减法原则改变服装的对称结构等）。

* 可以尝试运用肌理的效果，改变材料表面的特征。

* 如何让 T 恤表达你个人与众不同的性格特征，而不仅仅只是对原有造型的改变（虽然 T 恤是一件极为普通的服装，但是可以把它看作是表达自己个性的一种媒介，平凡、普通、反传统、创新、怀旧等，都可以作为创意的起点）。

* 无论用什么手法，改造后的 T 恤都应当是可以穿的，也就是说要保留其作为服装的功能性。

学生李阁做了两个完全不同风格的 T 恤，一件比较简单，带点文化味；另一件比较 cool，带点反叛的味道，表现的方式和图形都比较符合其表现的主题。另外不同的搭配和穿着方式，也很好地传递出风格的差异。

大部分的学生都会选择绘画和服用材料来表现，学生邱丝雨
这款 T 恤上的别针，无论是颜色和质地都非常适合来表现
图形，想法比较别致。

大而笨拙的鲨鱼造型非常可爱，如
果不露出几个小牙齿，给人感觉像
小猪。拉链的设计和形象结合非常
巧妙，增加生动性。

学生邵丹丹的设计就如同她本人一样生动
有趣，图案的造型和服装的款式结合是这
个设计的亮点。

学生谭梅是个非常有个性的女生，设计中糅合了很多构成元素，但是层次关系处理的很好，主题很鲜明。

作品以条形码作为商品价值的象征性符号，试图探讨个体社会价值与自我价值的冲突。

这也是比较具有文化味道的设计，学生从我们熟悉生活用语中提取元素，非常具有时代感。

这个我们熟悉又感觉遥远的图案，让人联想到过去，那个我们曾经经历的时光。

美不在部分而在整体。

——弗兰西斯·培根（Francis Bacon）

整体

学习目的

/ 认识不同整体感的构成特征
/ 观察和比较多种变化与统一的构成，培养表现技能
/ 理解整体感与服装主题的关系，培养表达能力

学习方法

/ 体验：寻找和搜集感兴趣的设计作品
/ 研究：分析整体感的不同构成方式及其元素之间的关系
/ 实践：不同元素的拓展与整合训练
/ 讨论：与其他同学分享实验过程和结果

学习内容

/ 整体性原则的基本概念
/ 整体性原则与服装设计
/ 构成形式分析
/ 设计心得与提示
/ 延伸性阅读
/ 课题训练

整体

即有机整体，是指作品的各个元素之间相互关联和作用，仿佛它们是有机生命。其中没有任何不必要和引起混乱的东西，只有必然的联系。

9.1 整体与服装设计

形式是作品的完整状态。根据格式塔原理，视觉上的信息在被分开来单独考虑之前，首先会被看作一个整体来理解。也就是说，在看到服装设计作品的一瞬间，该作品中的各种均衡效果，就会马上刺激我们的情感反应，获得优雅、华丽、热情或清晰的感知。因此，整体感可以看作是各种视觉原理的集中体现，也是对服装整体的感知。

虽然大脑在看到作品的一瞬间就已经对不同的风格产生感知，但是事实上，在这一瞬间，我们会因为不同的对比与统一的关系，而产生不同的信息获取路径。

例如，右图的两件作品，一件作品比较强调局部色块的造型，而另一件作品整体的廓型和色彩则给人留下深刻的印象。因此，我们是以从局部到整体，整体到局部的方式来获得感知。之所以有这两种差异，是因为作品中对比和统一的关系不同，这才是体现审美与趣味的关键。

因此，根据对比与统一的比重不同，大致可以分成两种类型的整体感，即调和式和对比式。

大卫·科马 2013 春夏　　　　嘉布里尔·考兰格路 2014 春夏

调和式作品：统一元素比重大，具有静态的特点，通常给人感觉典雅、沉着、静穆、端庄、严谨、理性化，它使人的心灵宁静，陶醉在轻松的愉悦中，如乔治·莫兰迪（Giorgio Morandi）的作品会使人不由得全身心地安静下来，直通人的心灵。这种安静是随意摆置的各种方向的笔触，在力量上相互制约、相互抵消所达到的视觉的完美平衡。莫兰迪的绘画几乎从来不用鲜亮的颜色，只是用些看似灰暗的中间色调来表现物象，一切不张不扬，静静地释放着最朴实的震撼力和直达内心的快乐与优雅。

乔治·莫兰迪（1890~1964），生于意大利波洛尼亚，是意大利著名的版画家、油画家。莫兰迪推崇早期文艺复兴大师的作品，对此后各种流派的大胆探索有着强烈共鸣。

对比：水平和垂直方向，直线与曲线。
统一：主导性的水平方向，统领整个画面。

对比式作品：在强化矛盾中求和谐，具有动态特点，洋溢着生命活力，活跃、运动、热烈、随意、感性。它是对比因素在某种条件下取得更高层次统一的美。它使人心灵激动，陶醉在自由而激荡的心境中（见下图）。马蒂斯（Henri Matisse）的作品，"构成的技巧就是制造对立，它能造成各方面的平衡。"

"舞蹈"创作于1909~1910年，马蒂斯在创作时，把模特儿带到地中海岸边，他认为这件作品跟地中海给他的喜悦情绪紧密相连，画中背景的蓝色，寓意着仲夏八月南方蔚蓝的天空，一大片绿色让人想起翠的绿地，人物的朱砂色则象征着地中海人健康的棕色身体。在这幅狂野奔放的画面中，舞蹈者似乎被某种粗犷而原始的强大节奏所控制，他们手拉着手围成一个圆圈，扭动着身躯，四肢疯狂地舞动着。

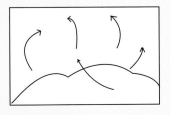

对比：每个元素在位置和方向上的变化，即不同的方向和动态。
统一：每个元素造型及其排列上的共性，即动感的曲线、向心的环状。

当欣赏服装的时候，我们就参与到视觉构成或秩序排列之中，视觉对象被简化为构成元素。一个纽扣可以看作一个点，一条裙子可以看作一种颜色，各种褶皱可以看作是规则或不规则的线条。在这种行为中，眼睛和心灵通过将视觉单元整合为一个和谐的整体，来处理视觉信息。

协调式的整体感，构成元素多呈现出相似或相同的特征。作品通常采用重复和视觉关联的结构加以体现。例如左图中作品的曲线，虽然曲线的粗细、排列不同，但是自然灵动的感觉却极为一致。

冯博闻

对比式的整体感，即通过对比特征在不同元素之间建立联系。素材之间的对比关系有助于理清它们各自的特征。也就是说，当对立元素被并置或被置于接近的位置时，不相似性就会被对立夸大。

例如，右图中在这样的对比被强化时，那么相应区域就会变得缺乏和谐，不过也增加了视觉活力。当然，这些不同线条通过缠绕的方式，形成视觉关联的整体。因此虽然两种元素的差异较大，但是也不会给人凌乱和琐碎的感觉。相反，更具有视觉张力。

9.2 构成形式分析

对比式和协调式并不是绝对的，对比式的设计中一定有统一协调的因素，协调式的设计中也一定会有对比的存在。整体性来源于针对独特的媒介者以及与此相关的某些原则的运用和适当的选择。虽然每个设计师的偏好不同，但在创作过程中，它们之间彼此关联在一起的方式不容忽视。所有的元素既是独立的又是集合的。如何处理对立中的统一，以及协调中的对立关系研究，有利于我们更好地理解设计师处理变化与统一的技巧。

玛丽·卡特兰佐 2009 秋冬

放射状的波纹图案具有很强的视觉冲击，立体装饰结的造型和方向与裙子形成强烈的对比，但在细节上与裙子保持统一，如袖子和装饰结下端平缓的处理方式，将装饰部分和裙子部分融为一体。另外，裙子上的图案不仅与装饰结的图案相互协调，而且通过镂刻的方式，改变其图案的透明度，增加了视觉上的层次感。

德赖斯·范诺顿 2014 秋冬

两组条纹图案的应用，一个倾向于协调，图案与廓型的相互协调的设计，视觉上追求协调的整体；另一个则偏好对比，图案错落和偏差，追求不同密集程度形成的节奏感。

上衣和裙子两种不同节奏的图案形成强烈的疏密对比——光效图案和放大到接近块面的条纹。上衣条纹的方向和领子等局部形成对比，增强其视觉的张力。

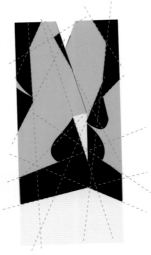

不同的形状和大小，通过反复出现的图案和颜色形成视觉关联。如黑色和白色的位置安排。另外，形状的方向具有视觉上的延续性，尤其是黑色块面。

德赖斯·范诺顿
2012 秋冬

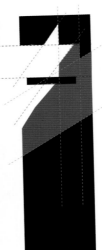

白色、蓝色和黑色明确的层次关系，是构成其整体感的关键。通过辅助线，可以看出该设计有意识地制造了三组角度相同的线条，以增强图形间的整体感。

范思哲 2015 早秋

Iris van Herpen 的未来感来
自于高科技面料和秩序感
极强的立体造型处理。

艾里斯·范·荷本 2012 春夏

服装上的装饰物非常
突兀，它尖锐而分散
的造型和质地，与服
装的结构毫无联系。

以线条为主要构成元素的对称结构，
线条之间因曲度的不同，呈现有规
律的变化。线条的变化很好地统一
在起伏有致的秩序里。

上装肩部夸张的装饰，与整体贴身
简洁的造型形成鲜明对比。但是装
饰物整体的曲线造型与渐变的趋势，
色彩与质地上的协调，装饰面积的
比例和部位等因素使它与服装之间
融为一体。

门襟和腰带被巧妙地处理成简单的十字形，并且与立领的比例保持一致，门襟刻意留出一小段与底摆的距离，相互协调，并增添几分轻巧。

从领口延伸的分割折线，增加了线条的变化和趣味，与轮廓线平行，保持了视觉上的协调。

殷亦晴 2014 SS

其背部的设计，在感觉上与前面保持一致，但实际上又略有不同，如分割线和门襟。

上衣的分割线非常的巧妙，通过左右的图我们可以发现：

左下图：如果分割线从肩部开始，会显得较为单调，因为分割的形状过于统一。

右下图：如果改为普通的腰省，则上下感觉不协调，上面太简单，下面太复杂。

面料质地上细微的变化，长方形的造
型得到突出。不同比例的相似形状，
通过叠加增加了层次的变化，保证视
觉上的简洁，但并不单调。

嘉布里尔·考兰格路
2014 春夏（1）

嘉布里尔·考兰格路
2014 春夏（2）

上衣这条斜线的小
小变化，使服装立
刻生动起来。

去掉小小的折线变化，视觉上就显得较为
单调。

卡尔文 · 克莱恩
2014 春夏

毛边，夸张的缝边，给人一种未完
成的新鲜感，并通过重复的方式保
持视觉上的整体。

卡尔文 · 克莱恩 2014 早秋

上半身整齐纤细的折线与下半身同样细致但富有
变化、长短不一的折线形成对比和统一。
腰部是设计的重点，细细的腰带轻松随意，与折
线的感觉协调一致。腰节处的流苏与领口和袖口
的毛边感觉统一但又稍有变化。

拉夫 · 劳伦 2014 早秋

极为简单而朴素的贴身连衣裙，随
意而富有变化的布纹，打破了其视
觉的单调。

9.3 设计心得与提示

9.3.1 连贯性与协调性

在以系列设计为目标的作品中，重复的和可识别的视觉特征，要与生动活泼、出乎意料、随机应变，甚至是打破常规的处理方法之间建立张力，这是一项艰巨的任务。视觉的连贯性，是设计师凭借不断地改变设计的视觉语言，努力让观众保持新鲜感，形成统一的、可记忆的体验。设计要防止两个极端：一是冒险打破视觉的统一性，二是处理素材时过于统一，反而扼杀了设计方案的活力。例如，某些设计案例中，将所有元素都限定在一个压抑的模式里，缺乏灵活变动的机会，既降低了理念的明晰性，又减弱了信息关系的清晰程度，这对于素材组织而言也是帮倒忙的事。

9.3.2 系列造型

在任何设计方案中，都有两种基本的可变因素。设计师可以对可变因素进行研究，寻找多种设计策略，让作品既保持连贯统一，又体现灵活变化。第一个可变因素，是必须按照素材所表现的造型与色彩进行变化。在特定的设计方案中，设计师可以构思一系列的可能方案，既包括利用色彩组合来改变素材的表现形式，也包括选取图案类型来启发的多种设计方案。第二个可变因素是节奏，即在某些模式中改变不同元素的频率，以便于图案与造型的类型、图案的比例、色彩组合所产生的特殊色彩的数量，三者都能保持不断变化。

由于每项设计方案各不相同，设计师在制订的设计方案中，有多种处理变化的方法。但是，最常见的设计，可以被提炼为两种基本方法。结构性变化即构成方式的变化（见左图）和构成元素的变化（见下页图）。

薇洛妮克·勒鲁瓦（Veronique Leroy）2014 秋冬

薇洛妮克·勒鲁瓦 2014 秋冬

但大多数时候，构成元素的变化也会伴随着结构的变化（见下图）。尤其在同一主题下的多个系列的设计，需要通过这种方式建立不同系列间的衔接。

薇洛妮克·勒鲁瓦 2014 秋冬

李奥纳德 2014 春夏

李奥纳德 2014 秋冬发布会上近 40 套服装由 6~7 个系列组成。系列之间以元素的变化为主，而每个系列则以结构变化为主。服装之间的变化丰富而灵活，每件服装都有新鲜的感觉。其不对称的裁剪、堆积或缠绕而形成的自由的褶皱，和不同图案或面料层叠的效果，形成一种整体上自由、轻松的感觉。

其中，图案具有重要的作用。从具象传统的花卉神兽图案，到抽象的点状图案。一方面，它赋予每个系列鲜明的性格。另一方面，通过对图案比例和位置的控制，实现不同系列之间的过渡和转换。

9.4 延伸性阅读

9.4.1 整体性原则

一件具有整体性的艺术作品的形成就像音乐中的交响乐编曲，作曲家通常开始于一个主题，这个主题会经历一系列的变化。音符为演奏者提供速度和力量的指导。每一种乐器在追随这种指导的过程中，演奏有助于整体音乐效果的自己那部分。与此同时，主题性的材料随着作品的内容而发展运动，使其局部契合一致。一部成功乐曲的任何一部分都是不可取代的。

上述音乐的特性在服装设计中也同样存在，对于设计师而言，整体性来源于针对独特的媒介以及与此相关的某些原则的运用。**所有的元素既是个别的，又是集合的。 设计者必须了解诸元素的个性，以运用它们来使作品处于整体状态。**例如，线条一章所讲的线的物理潜质包括长度、宽度、特征、方向等。那么，当一个艺术家运用线条使一件作品成为统一体时，我们就会发现，必须通过这些潜质——长度、宽度等一种或全部的关联性，才能组成真正的整体和谐。因此，这些元素的特征要在组织原则的章节中加以深入了解，以便发现元素的单独特征如何能够相互组合使用，从而形成和谐的整体。

在设计中，对形式——结构的领悟是必不可少的。通过对形式组织原则的探索，初入门的人就会逐渐形成一种知性的理解，这种知性的理解再配以实践，就会成为本能。

9.5 课题训练

9.5.1 系列拓展训练

本练习以锻炼学生将不同元素进行混合和组合为主要目的。和前面的单项拓展练习不同的是，这里的混合和组合的元素并不是任意添加，而是从预先确定的造型中提取，而且拓展的数量也较多，所以对学生而言难度较大。

（1）工具和材料

①印有人体模特的 A4 纸张。
②拼贴材料：有色纸或布。
③剪刀、胶水。

（2）步骤和要求

①准备好 3 个基本的造型：A、B、C。
②分别将 A、B、C 中的相关元素进行混合重组，即得到
AB×3。
BC×3。
AC×3。
ABC×3。
③重新排列所有造型，使其视觉上更加流畅。

步骤 1. 确定 3 个基本造型。

A   B   C

步骤 2. 将 A、B、C 3 个造型分别混合和重组，得到 12 个造型。

AB×3   AC×3

BC×3   ABC×3

步骤 3. 重新排列所有造型，使其视觉上流畅且具有连续性。

如果希望进行更深入的训练，可以先将前面的 A、B、C 3 个基本造型分别通过自由变化的方式做 3 个拓展，这样这个系列将增加 9 个造型，加上原来的 3 个基本造型，一共是 21 个。这样将加大视觉上流畅性和变化性的难度。

参考文献

［1］ 王令中．视觉艺术心理［M］．北京：人民美术出版社，2005．

［2］ 李松石．绘画艺术形式［M］．长春：吉林美术出版社，2007．

［3］ 赵勤国．绘画形式语言［M］．济南：黄河出版社，2003．

［4］ 卢景同．形式语言及设计符号学［M］．北京：机械工业出版社，2011．

［5］ 邬烈炎．形式语言［M］．北京：中国美术学院出版社，2012．

［6］ 邬烈炎．设计基础：来自建筑的形式［M］．南京：江苏美术出版社，2004．

［7］ 孙晶．从常态到非常态［M］．2版．南京：江苏美术出版社，2004．

［8］ 张旭生．平面构成与造型基础：平面元素与表达［M］．武汉：华中科技大学出版社，2009．

［9］ 胡明哲，丁一林．造型与形态［M］．石家庄：河北美术出版社，2004．

［10］ 张越．二维设计基础教程［M］．北京：中国美术学院出版社，2006．

［11］ 贾京生．构成艺术［M］．北京：中央广播电视大学出版社，2007．

［12］ 黄英杰，周锐，丁玉红．构成艺术［M］．上海：同济大学出版社，2004．

［13］ 王忠．平面构成［M］．长沙：中南大学出版社，2009．

［14］ 孙彤辉．平面构成［M］．武汉：湖北美术出版社，2009．

［15］ 满懿．平面构成［M］．北京：人民美术出版社，2004．

［16］ 毛溪．平面构成［M］．上海：上海人民美术出版社，2003．

［17］ 吴晓兵．平面构成［M］．合肥：安徽美术出版社，2006．

［18］ 王群山．平面构成基础与应用［M］．北京：北京工艺美术出版社，2002．

［19］ 屠曙光，陆勇．构成设计：平面与立体形态的分解构成［M］．南京：南京师范大学出版社，2009．

［20］ 陶音，萧颍娴．灵感作坊：服装创意设计的50次闪光［M］．北京：中国美术学院出版社，2007．

［21］ 刘晓刚，崔玉梅．基础服装设计［M］．上海：东华大学出版社，2003．

［22］ 徐子淇．服装构成基础［M］．北京：化学工业出版社，2010．

［23］ 吴士元．服装构成基础［M］．哈尔滨：黑龙江教育出版社，1996．

［24］ 曾真．服装设计中的平面构成［M］．南宁：广西美术出版社，2006．

［25］ 董庆文．立体构成与服装设计［M］．天津：天津人民美术出版社，2004．

［26］ 蒂莫西·萨马拉．美国视觉设计学院用书：设计元素［M］．齐际，何清新，译．南宁：广西美术出版社，2008．

［27］ 埃伦·勒普顿，珍妮弗·科尔·菲利普斯．图形设计新元素［M］．张翠，译．上海：上海人民美术出版社，2009．

致谢

在此，我希望能特别地感谢中国纺织出版社编辑对本书付出的所有心血。如果没有他们一直以来的鼓励、督促以及诸多的建议，我实在无法相信我居然能够独自完成本书。如果本书能够在某些方面有所创新，这一定与他们的诸多帮助密不可分。

另外，我也非常感谢那些勤奋而又有天赋的学生，本书中所采用的大量学生案例，均来自这些学生课堂或课后的练习。他们在学习上的不断努力以及所取得的进步，也是支撑我在教学上持续研究最佳动力。